阅读成就思想……

Read to Achieve

教育有方系列

自信快乐的小孩
别让焦虑和孩子一起长大

第2版 | Second Edition

[澳] 罗纳德·M. 劳佩（Ronald M.Rapee）
安·威格纳尔（Ann Wignall）
苏珊·H. 斯彭斯（Susan H.Spence） 著
瓦妮莎·科巴姆（Vanessa Cobham）
海迪·莱纳姆（Heidi Lyneham）

梁入文 译

Helping Your Anxious Child
A Step-by-Step Guide for Parents

中国人民大学出版社
·北京·

图书在版编目（CIP）数据

自信快乐的小孩：别让焦虑和孩子一起长大：第2版 /（澳）罗纳德·M.劳佩（Ronald M.Rapee）等著；梁入文译. -- 北京：中国人民大学出版社，2022.1
ISBN 978-7-300-30114-3

Ⅰ．①自… Ⅱ．①罗… ②梁… Ⅲ．①焦虑－儿童心理学 Ⅳ．①B844.1

中国版本图书馆CIP数据核字(2021)第279194号

自信快乐的小孩：别让焦虑和孩子一起长大（第2版）

[澳] 罗纳德·M.劳佩（Ronald M.Rapee）
　　　安·威格纳尔（Ann Wignall）
　　　苏珊·H.斯彭斯（Susan H.Spence）　著
　　　瓦妮莎·科巴姆（Vanessa Cobham）
　　　海迪·莱纳姆（Heidi Lyneham）

梁入文　译

Zixin Kuaile de Xiaohai : Bierang Jiaolü He Haizi Yiqi Zhangda （Di 2 Ban）

出版发行	中国人民大学出版社		
社　　址	北京中关村大街31号	邮政编码	100080
电　　话	010-62511242（总编室）	010-62511770（质管部）	
	010-82501766（邮购部）	010-62514148（门市部）	
	010-62515195（发行公司）	010-62515275（盗版举报）	
网　　址	http://www.crup.com.cn		
经　　销	新华书店		
印　　刷	天津中印联印务有限公司		
规　　格	170mm×230mm　16开本	版　次	2022年1月第1版
印　　张	14　插页1	印　次	2022年1月第1次印刷
字　　数	199 000	定　价	59.00元

版权所有　　　侵权必究　　　印装差错　　　负责调换

赞誉
Helping Your Anxious Child

在《自信快乐的小孩》一书中,父母可以获得循序渐进的指导,以帮助孩子攻克担忧、恐惧和焦虑等问题。书中的策略都经过了精心设计,有扎实的科学证据支撑。父母将会发现,这本书不仅有趣、易读,还提供了许多能帮到孩子的好点子。

托马·H. 奥伦迪克(Thomas H. Ollendick)博士
弗吉尼亚理工学院暨州立大学心理学系荣誉教授

《自信快乐的小孩》一书充满了希望和乐观精神,尊重儿童的感受及个体差异,对父母和儿童专业工作者来说都是重要的新资料。对于如何帮助孩子建立必要的勇气和自信,作者给出了清晰的说明、解释和示范,以此来帮助孩子应对恼人的恐惧和担忧情绪。对于许多挣扎在焦虑痛苦中的孩子来说,这本优秀的参考书将改变他们的生活。

德布拉·怀廷·亚历山大(Debra Whiting Alexander)博士
《被创伤改变的孩子》(*Children Changed by Trauma*)一书作者

父母想要帮助孩子摆脱过度焦虑,但常常无从下手。终于,这本为此设计的专著——《自信快乐的小孩》横空出世。这本书提供了翔实而具体的步骤,指导孩子以行动和思维为武器应对焦虑。强烈推荐!

埃尔克·齐歇尔 – 怀特(Elke Zuercher-White)博士
《终结恐惧》(*An End to Panic*)一书作者

推荐序一
Helping Your Anxious Child
孩子的焦虑，需要被看到

韩海英
医学博士、北京慧心源快乐情商学院创始人

作为一名从事儿童心理工作的精神科医生，我很高兴能见到这本书——《自信快乐的小孩》。它很关注孩子的焦虑情绪，帮助父母理解孩子的焦虑，了解如何摆脱焦虑和恐惧带来的困扰。

多年来，我一直致力于研究焦虑情绪，以认知行为治疗的理念为基础，帮助儿童、青少年以及他们的父母管理情绪，以积极阳光的心态来面对生活中的各种压力。当编辑把这本书稿送到我手里的时候，书名和目录都非常吸引我，让我感受到了亲切和力量。作者通过案例的介绍和理论的分析，把枯燥的专业知识讲解得生动活泼又很实用。

《自信快乐的小孩》一书非常值得推荐的一点在于，它从认知行为疗法的观点来为父母介绍如何一步一步地帮助孩子克服自身的焦虑、恐惧和害羞，具有很强的操作性。

孩子的焦虑情绪，有的轻，有的重，有的外显，有的内隐，有的甚至隐藏得很深，到了青春期才会爆发出来。然而，孩子的焦虑情绪又是最容易被忽视的，父母、老师等成年人往往会认为孩子只是胆小怯懦、或者闹脾气、为不想上学找借口、用情绪来要挟父母等。如果从这些角度来理解，那就会误读孩子的焦虑情绪，让孩子的焦虑情绪被深深地压抑下来，得不到及时的疏导，从而使有些孩子的焦虑逐渐刻入其性格当中，孩子似乎真的会变得像大人们所说的"脆弱""胆小"，不管在遇到任何压力的时候都会表现出各种形式的焦虑。

由于年龄的特点，孩子的很多的内心感受和痛苦是无法用语言所描述出来的，需要借助父母等外界帮助，孩子的焦虑才能得到一些缓解。焦虑是人与生俱来的一种情绪，而孩子从小到大的成长过程，必然伴随着与各种焦虑情绪的抗争。只有使用正确的养育方法，才能防止孩子陷入深度的焦虑问题，尽可能避免因长期陷入严重的焦虑状态而患上焦虑障碍等心理疾病。

虽然每个人都会焦虑，但很多家长对孩子的焦虑并不了解。本书的作者在开篇便为父母讲解了与孩子焦虑相关的问题，孩子的思维方式如何影响情绪，并为父母提供了大量实用的方法，从认知调整和行为矫正两个方面进行了详细的讲解，手把手地教父母如何循序渐进地帮助孩子。尽管这些方法并不适用于每个孩子，但是其中的理念也需要父母一点点地去理解和消化，针对自己孩子的具体情况有针对性地使用。我想，无论父母能否学会或者能否真的在现实中使用这些方法，只有真正理解了孩子的焦虑的表现形式，能够意识到和判断出孩子的情绪表现和行为可能是由焦虑过度引起的，能够及时地寻求专业的帮助才是非常重要的，而且这对孩子来说也是非常有裨益的。

儿童时期的焦虑情绪来源可能有很多方面，有的孩子的焦虑和压力源于自身的个性，有的源于人际交往的压力，还有的源于同伴的嘲弄、欺凌等。关于如何处理这些压力，本书都有相应的应对之策，比较全面地为父母们提供了帮助孩子面对各种压力的方法。

当孩子能够勇敢地面对压力、不怕困难，并且能够使用积极而不是消极的思考方式去面对外界事物的时候，他们才能算是在心理上真正成长了，也不再弱小和脆弱了，这也是父母养育孩子的终极目标，即看到孩子独立自强。父母在帮助孩子对抗焦虑的过程中，需要带着孩子不断地进行练习，因为成长的过程不是一蹴而就的，而是像小树苗一样需要不断地浇灌才可能长成参天大树。

在孩子成长的过程当中，他们的焦虑需要被看到，也需要获得帮助。父母在这本书中能够找到很多具体的方法。这些方法不仅是针对有明显焦虑和恐惧的孩子，也会为父母自己在育儿过程中遇到的一些困惑带来启发和思考。

推荐序二
Helping Your Anxious Child
焦虑是我们最要好的朋友

奶舅吴斌

幼儿发展研究专家、《孩子的一生早注定》作者

焦虑是我们每天都不得不面对的。

有人说它只是一种情绪，其实我觉得这种说法或许并不完全准确。焦虑更像是一个最要好的朋友，总能在不经意间出现，与我们相伴相随，并影响着我们的日常生活和行为选择。只不过，这种不经意的出现，给我们带来的往往是困扰和阻力。就像从答应写这篇推荐序的那一天开始，写作和时间安排的压力与焦虑就一直伴随着我，直到现在开始动笔后，这种焦躁不安的情绪才慢慢得到了缓解。

如何与焦虑——这个我们最要好的朋友相处？这既是一种考验，也是一个让我们重新认识自己的机会。我相信，阅读《自信快乐的小孩》一书，你可以从中找到很多答案和启发的思路。

关于《自信快乐的小孩》一书的翻译，是我和梁入文同学一起认真讨论过的。看完这本书的英文书稿后，我们都认为应该把这本更能指导养育者实践的、由专业人士写的书，介绍给国内的家长朋友们。于是，入文承担了这本书的翻译工作。他是欧洲知名高校教育学博士生，也是奶舅团队幼儿文献研究中心的青年研究员，在早期教育和儿童发展领域做了很多优秀的研究和科普工作。我对他驾驭中英文和研究与实践方面的能力很有信心。

在拿到这本书的中文翻译稿后，我在第一时间从头看到尾地阅读了译稿。人文的翻译和中文表述特别好，让这本颇具指导意义的书籍不仅向国内读者准确地表达了专业观点，还让读者在阅读的过程中感到轻松和容易理解。

这本书可以让那些因亲子问题而感到焦虑不已的养育者找到更多可能的解决和应对方法，这种有实操价值的工作能够让复杂多变的现实养育问题和家庭矛盾冲突得到解决和缓解，让养育者重拾信心，积累宝贵且科学有效的养育经验。

在现实养育场景中，与孩子相比，养育者的焦虑更容易被观察到，而孩子的焦虑和情绪则被有意或无意地忽视了，但孩子的问题同样重要。正如《自信快乐的小孩》这本书中介绍的，孩子的焦虑和养育者的焦虑都应该得到正视并引起重视，让我们借助科学有效的策略和方法，更好地与焦虑相处。养育者的焦虑可能来自孩子做了某个不能理解和接受的行为，也可能是看到别人家的孩子可以做到的事情而自己家的孩子还不能。这些都会诱发养育者的焦虑，并通过不同的行为表现出来，进而让亲子冲突和问题增多。

孩子的这些让养育者焦虑的行为，或许是孩子自己遇到了情绪问题。如果这些焦虑和随之而来的行为和情绪问题没有得到重视和及时应对，那么对孩子的成长和对养育者的自信心都会有不同程度的影响。这本书可以帮助养育者更全面地了解焦虑如何影响亲子互动、如何改变养育者的行为选择，并根据不同的情景和情况，给予养育者更有针对性的策略和操作步骤，值得养育者认真阅读。

最后，作为幼儿发展研究者，我一直坚信心理学研究和理论是为了使人们更好地生活。然而，如果心理学研究和方法脱离实际生活，就是有问题的。如果心理学想要深入人心，就要接受生活实践的检验。同时，研究者或养育者在实践应用的过程中获得反馈更新，发现新的现实问题，以帮助心理学理论和方法持续优化和完善，实现理论指导实践、实践反馈优化理论的良性循环的心理学研究发展模式。

从这个角度来看，不管是儿童相关的心理学和教育学研究，还是带孩子过程中的生活实践经验和技巧，能否有效解决现实养育和亲子问题，应该是衡量其价值的最重要的维度。因此，我推荐大家阅读这本书，另外这本书中的很多内容和观点也和我们在独立研究和实践过程中发现和总结出来的一致，这些经过实践检验过的共识是更有价值的知识和内容。

中文版序
Helping Your Anxious Child

养育一个焦虑、害羞或忧心忡忡的孩子，这对父母而言可能是一段挫败又痛苦的经历。当你的孩子感到恐惧时，你可能也会由此产生恐惧或担忧，当然，还有保护孩子的强烈欲望。从长远来看，你的孩子如果不断地反复出现恐惧和担忧情绪，那么这可能是你沮丧的开始，不少父母有时还会发现自己对孩子变得怒气冲冲。为人父母，你心中可能会泛起这样的念头："为什么我家孩子做不了这些事？""这也太不合常理了吧！""为什么我家小孩就不能像别的'正常'孩子一样呢？"

如果你时常有这种感觉，那么这是完全可以理解的。20世纪90年代中期，当我刚开始从事儿童焦虑的研究时，许多专业人士告诉我，我就是在浪费自己的时间。他们说，童年是一个快乐无比、无忧无虑的时期，孩子没有什么可焦虑的。然而，随着我们研究的逐渐深入，我们从越来越多的父母那里听到他们孩子描述的关于恐惧和担忧的故事，以及这些焦虑情绪会对孩子和周围所有人的生活造成多大影响。

焦虑影响着儿童生活的方方面面。有焦虑问题的儿童经常会遇到学业困难。他们的担心和忧郁往往会使其在学校考试中发挥失常；他们的完美主义会拖慢其完成家庭作业和学校任务的进度，导致他们所花的时间远远超过其他儿童。被焦虑困扰的儿童也会声称自己身体有诸多不适，如胃痛、头痛和疲劳；反过来，这些身体问题意味着他们的父母需要更频繁地带他们去看医生。他们也可能就躲在家里，这使得他们错过了一些校内外的活动。当然，儿童的焦虑问题会严重影响他们的人际关系。他们通常难以交到新朋友，也会非常孤单，他们还可能会被其他儿童捉弄。这些儿童对家人也可能有着相当强的控制欲，因为他们要试图确保家人不做任何令其感到焦虑的事情。

不过，焦虑也有很多好处：带有害羞和焦虑特质的儿童往往心地善良、富有爱心；他们对朋友和家人忠心耿耿，往往能遵守规则，在学校不惹麻烦。焦虑是一种自然的情绪，是人类进化所得，能保护我们所有人。因此，焦虑的儿童往往能规避风险，不太可能受伤。这些都是易焦虑的儿童身上的积极属性，所以我们也不想改变它们。

基于这些原因，我们写了这本《自信快乐的小孩》，帮助孩子（和父母）掌握技能，使他们能够调控过度的焦虑情绪，但又保留那些"精华"。也就是说，当焦虑情绪阻碍孩子体验新的机会、影响他们的学业或友谊时，我们希望你的孩子能控制自己的焦虑，但我们不想改变背后那个善良、友爱、忠诚的小孩。

这本书将帮助你向孩子传授新的思维方式、态度和行为方式，帮助他们调控焦虑情绪的轻重，更好地投入生活。如果他们学会了我们介绍的课程并完成了技能训练，那么他们终究会明白，这个世界其实并没有那么危险。

作为父母，没人比你更了解自己的孩子。这就是本书把目标放在父母身上的原因，即让父母有机会帮助孩子克服焦虑问题。有时，和具备资质的专业人员（如临床心理医师）一起完成这个项目，是学习这些技能的最佳途径。不过，最终还要作为父母的你能成为最好的技能调适者，以便与你孩子的情况达成最佳匹配。

我代表所有的作者，真诚地期盼本书中的信息和训练对身处中国的你有用。我最高兴的事情之一就是，知道世界各地成千上万的孩子通过这个项目获得了帮助。我非常希望你的孩子将成为新的受益者。

罗纳德·M. 劳佩
澳大利亚悉尼
2021 年 11 月 2 日

引言
Helping Your Anxious Child

养育一个有焦虑问题的孩子，这种体验好比坐过山车，他们通常体贴入微并且懂得关心人，但也会惹人生气，需要父母给予更多的时间和情感。这样的孩子与其核心家庭成员所经受的痛苦是其他家属和朋友看不到的。孩子因为总是害怕某些事而错失许多生活乐趣，这种时候，大多数父母都会不顾一切地伸出援手。然而，身为父母，如果你的所作所为毫无效果，那么你必然会产生挫败感，有时你尝试的方法还可能在接下来的很长时间内让孩子的情况雪上加霜。因为大多数人认为"只要孩子长大了，就总会在某一天自然而然地摆脱它"。然而，许多家庭在找到正确方法前，就早已经受了长期的折磨。

焦虑是儿童和成人普遍都会面临的困扰。目前，已有许多专业人士开展的治疗项目取得了成功，这些项目为亟待帮助的群体带来了福音。你在本书中即将看到的这个项目会与它们有所不同，它是一个改编版本，整合了若干个被证实有效的专业项目，旨在帮助父母教会孩子调控焦虑的技能。

本书的整体思路是通过结构化的阅读内容和实践活动，指导你教会孩子调控焦虑，同时也能助你学到应对焦虑情绪的新方法。本书的每一章既包含儿童活动的内容，以调动孩子参与焦虑调控的积极性；还会涉及实践任务，帮助你和孩子在日常生活中练习新技能。

我们希望你能喜欢这个项目，也希望你的孩子顺利掌握焦虑调控技能，战胜恐惧和担忧的问题。

如何应用这个项目

孩子有别，家庭各异。因此，实行这个项目时并没有"快、准、狠"的金科玉律。如果你认为有更好的方法，那么我们鼓励你去尝试。不过，我们已有多年的项目实施经验，并长期和孩子及其父母打交道。基于这些经验，我们可以与你分享一些原则性方法，这些理论适用于绝大多数的家庭。

首先，我们设计的每套阅读内容和实践活动将循序渐进地展开，步步累积，如果跳读，那你就会发现，要是你还没领会之前的技巧，那么接下来便会举步维艰。一些孩子可能进步得比别人更快或者更慢，因此，每一章推进的速度取决于你和孩子的个人情况。在这些活动中，同一个任务列有不同范例，我们鼓励你多多尝试。如果你的孩子只完成某个活动中的一至两个范例就已掌握诀窍，那就没必要再去完成其余的范例任务了；如果孩子需要额外练习才能掌握要点，就得完成所有范例任务。对于有的孩子来说，你需要花上两至三周的时间才能完成一个章节，请陪他反复练习。不要害怕重复尝试，最坏不过是让孩子感到些许厌倦而已，也总比他一窍不通好太多。

如果你期望孩子能够完全掌握调控焦虑的技能，那就需要你将这个项目列入你家的日程表中。我们建议你每周安排一个固定时段开展焦虑调控训练，但并不是让你只在这个时段处理孩子的焦虑问题，你不能止步于此，还需在间隔期间通读下一章的内容，与孩子讨论相应的任务和活动，并为下周的练习及实践制订计划。例如，你可以把周日早餐后的一段时间定为焦虑调控训练的专属时段，把它当作类似练习舞蹈、足球或钢琴等技能的另一个训练时段。接下来几个月的周日上午，你将与孩子一起沉静下来，学习并练习焦虑调控技能。你需要保证项目落实到底，例如，安排周末活动时要考虑到这个时段，以确保其他家庭成员要么也参与这个项目，要么不会打扰到你们。

在本书中，你可以看到以下三类活动。

第一，你会在大部分章节的正文中看到"父母活动"的内容。请通读章节并完成这些父母活动，这是你和孩子开始焦虑调控训练前的必修课。这部分通常包括你需要思考的问题,或者你需要帮助孩子学以致用的技能。

第二,在每一章的结尾你都会看到"儿童活动"的内容。这些都是你需要和孩子一起完成的活动和练习,可以帮助孩子学会调控焦虑情绪。在每周的焦虑调控训练中,这些活动都是必做环节。每个儿童活动都为你(即父母)提供了说明指导,精简地列举了你需要给孩子解释的内容(根据你在各章读过的内容而定),同时提供了示例,教你填写关于焦虑调控技能的表格。你可以借助本书配套的儿童训练手册[①]来帮助孩子完成每章末尾提供的各项活动。儿童训练手册使用了孩子能理解的语言,讲解与每个活动相关的技能,并会提供空白表格(特定章节中所使用的表格范例),孩子可以在你的帮助下来完成。

第三,在大多数章节的末尾,你会看到"儿童练习任务"的内容。这个部分会讲解孩子接下来一周的训练内容。这些技能是孩子学会调控焦虑的必要条件,需要重复练习多次,有时孩子需要练习数周才能熟练掌握,儿童训练手册中也包括此类任务的表格。这本手册旨在为你节省时间,将你阅读到的理论转化为孩子能听懂的表述方式。

需要记住的要点

读完本书的全部内容并完成实践活动需要 2~4 个月。在热情满满的第一周就扫完整个项目,看起来似乎很有诱惑力,但你最好还是与本书建议的步调保持一致,这样才不至于在项目完成前就耗尽心血。此外,循序渐进的节奏也能帮你养成日常习惯,妥善处理焦虑型想法、情绪和行为。

如果父母双方都能参与本书的阅读和实践活动,项目就会推进得更加顺畅。要想让项目取得成功,秘诀之一就是把这些技能付诸实践,使之贯穿于孩子生活的方方面面。如果父母双方都明白自己的职责所在,项目成功的概率就会大幅提升。这个要点也同样适用于其他长期陪伴孩子的成年人,如继父母、(外)祖父母或保姆。如果你的孩子在学校表现出焦虑行为,那么你可以和孩子老师当面聊聊,谈谈你正致力于帮助孩子实现的目标,这样做可能会有所帮助。不过,即使孩子身边的某些成年人对参与

---

① 儿童训练手册为电子版,可参考本书封面上提供的方法来阅读。——译者注

你们的项目不感兴趣,你也别放弃。在某些案例中,即使父母一方对这个项目置若罔闻,我们也见证过惊人的成果。此外,这个项目在单亲家庭中也获得了巨大成功。

最后,不要因为进度缓慢和遭遇挫折就灰心丧气。你要清楚,孩子的焦虑行为和思维模式是历经多年才发展至此的,所以改变这些也需要至少数周时间,同时还需要强大的毅力,尤其是在你和孩子被压力紧逼的时候,千万不要放弃!你可以先完成让人开心点儿的活动,等你和孩子冷静下来后再回到轨道,继续推进。

咨询心理健康专家

本书旨在为父母提供帮助孩子克服焦虑所需的一切信息。不过,了解理论和正确落实是两码事。因此,如有可能,我们强烈建议你咨询具备资质的心理健康专家,请其帮忙处理孩子的焦虑问题。你如果只是从书店或网上选购了这本书,还未针对孩子的问题寻医就诊,就要重视这个问题了。心理健康专家不仅能正确评估孩子的情况,帮助你了解你的方案是否适合你的孩子,还可以帮助你将本书恰当地应用于你和孩子的各个痛点。当你一筹莫展时,专家还可以帮你蓄足动力,或是帮你调整项目计划,让你一路披荆斩棘。

如果是专家向你推荐了这本书,那么我们非常确信它会颇有成效。我们的科学研究显示,当父母没有额外专业支持,仅靠这本项目指导书帮助孩子时,在被诊断患有焦虑障碍的孩子中,约有20%的孩子在完成这个项目后获诊痊愈,并且有更多的家庭见证了显著成效。在有治疗师为父母提供几次简单指导的情况下,完成这个项目的孩子中有60%以上都不再被诊断患有焦虑障碍。

在项目实施过程中你可以期待什么

以下是在项目实施过程中的一些注意事项:
- 别指望在短短几周内就能解决问题;
- 可以期待在还没完成项目时孩子就会有明显改善;
- 应预想到项目的开展可能时进时退,道路曲折,别指望一蹴而就;
- 别指望孩子那些具体的焦虑(如怕狗或只是睡觉时怕黑)解决起来小菜一碟,它们可能会与广泛性焦虑（即担心任何即将来临的新情况或社会事件）一样棘手；
- 应做好思想准备，就算完成了这个项目，孩子也要继续练习技能，直到把这些技能融入思维方式和行为举止中，并形成日常习惯。

焦虑会完全消失吗

完全不焦虑的人反而会遇到更多麻烦！焦虑是一种正常情绪，能帮助我们把个人能力发挥到最佳水平，并在危险的情况下保护我们。这个项目的目的是将焦虑情绪降低到可控水平，我们希望孩子们能调控焦虑，并使他们从中获益。例如，在大型赛事前适度地奋力冲刺，或是不逃避那些本就有趣的事情。之后你会了解到，焦虑是人的性格和生命的一部分。这个项目将教会孩子一些新的应对方法，让焦虑不再对他的人生"指手画脚"。不过，你也会发现，即便完成了项目，你的孩子与同龄人相比可能还会一直呈现稍微情绪化或敏感的状态，但这并不是坏事。

| 父母活动：为本项目做好准备 |

以下是你和孩子参与本项目时需要考虑和准备的要点：

- 要想让孩子学会焦虑调控技能，你就要投入时间和精力，就像你帮助孩子学习钢琴或提高阅读技能那样；
- 你的孩子同样需要在这个项目上投入时间；
- 如果孩子在生活中有其他重要的人的积极支持，项目效果就会更好（但并非必需）；
- 你应该计划并安排你们每周焦虑调控训练的时间（约30~60分钟）；
- 你需要为这个项目预留出固定的时段，并确保在这个时段专注于此项目，让其他家庭成员在此期间有事可做，无暇打扰你们；
- 在训练之外还需做好准备，用额外的时间练习技能，并重复要点；
- 你还需在每周焦虑调控训练前通读下一章，完成所有的父母活动，并为你的孩子筹备课程。

目录
Helping Your Anxious Child

第 1 章 了解焦虑 / 1
认识其他有焦虑问题的孩子 / 4
孩子的焦虑发展成问题了吗 / 7
焦虑的类型 / 9
孩子为什么会焦虑 / 15
如何帮助孩子摆脱焦虑 / 19
总结 / 21
调动孩子开展项目的积极性 / 21
和孩子一起完成的活动 / 24

第 2 章 思维方式和情绪如何影响焦虑问题 / 29
学习焦虑调控技能的第一步 / 30
将情景、思维方式和情绪联系起来 / 33
和孩子一起完成的活动 / 34

第 3 章 学会实事求是地思考 / 37
求实思维法的基础原理 / 38
转变你的想法 / 41
给孩子传授求实思维法 / 45

　　　　侦探思维法 / 47
　　　　和孩子一起完成的活动 / 58

第 4 章　应对孩子焦虑问题的误区和良方 / 63
　　　　当前的策略 / 64
　　　　应对孩子焦虑问题的无效策略 / 65
　　　　应对孩子焦虑问题的有效策略 / 71
　　　　应对孩子焦虑问题时要牢记的重要原则 / 77
　　　　当孩子恐惧时，你可以做什么 / 83
　　　　和孩子一起完成的活动 / 89

第 5 章　从直面恐惧到克服恐惧 / 93
　　　　了解阶梯法 / 94
　　　　教授孩子阶梯法 / 98
　　　　需要牢记的要点 / 108
　　　　和孩子一起完成的活动 / 110

第 6 章　简化版侦探思维法与进阶版阶梯法 / 115
　　　　你心中的侦探思维法 / 116
　　　　制定进阶版阶梯法方案 / 117
　　　　和孩子一起完成的活动 / 126

第 7 章　阶梯法方案障碍排查 / 129
　　　　停滞不前 / 130
　　　　孩子进步的障碍 / 138
　　　　和孩子一起完成的活动 / 140

第 8 章　提高孩子的社交技能和果敢力　/ 143

　　社交技能的重要性　/ 144

　　社交技能层级　/ 145

　　提高孩子社交技能的方法　/ 151

　　整合社交技能与焦虑调控技能　/ 158

　　妥善应对嘲弄和欺凌　/ 160

　　和孩子一起完成的活动　/ 162

第 9 章　评估状况　/ 167

　　整合技能　/ 168

　　和孩子一起完成的活动　/ 175

第 10 章　展望未来　/ 177

　　我们进展到哪儿了　/ 178

　　维持成果　/ 178

　　为未来做好规划　/ 180

　　祝贺　/ 181

　　和孩子一起完成的活动　/ 183

附录　/ 185

译者后记　/ 199

第 1 章

了解焦虑

案例

埃米莉有个不为人知的困扰：她已经12岁了，可还是很怕黑。夜里当家人熟睡时，她常常听到外面有奇怪的声响，为此心惊胆战，还会深陷于全家被抢劫灭口的想象中不能自拔。她有开灯睡觉的习惯，经常在极度害怕的时候跑到父母的房间并躲进他们的被窝里。天黑之后，她从不敢外出倒垃圾，也不敢独自上楼。除父母外，没人知道这个秘密。因为这个问题，她从不接受朋友留宿的邀请，对参加夏令营活动也是百般推辞。她的父母曾尝试进行干预，让她在夜里睡觉时正视自己的恐惧问题，但这只会让她越发不安。尽管父母使尽浑身解数，最终也不得不对她的恐惧问题投降。埃米莉难以突破的恐惧问题折磨着她和她的父母，并让她的父母因此产生了深深的挫败感。

* * *

10岁的康纳非常腼腆，虽然能自如地与家人沟通，但在学校或面对陌生人时，他的反应就截然不同。他害怕自己因做错事而出洋相，讨厌当着全班同学的面发言，尽管他弹钢琴弹得很好，但因过于害怕而无法在校园音乐会上表演。在学校，他经常独来独往，不敢与其他人走得太近。

埃米莉和康纳的问题并非个例，这些问题其实很普遍，也不难解决，常常会潜伏在四周，烦扰着孩子及其家人的正常生活。从上述案例中，我们能看到焦虑问题会从不同方面对孩子的生活产生影响。

恐惧、担忧和焦虑在儿童身上会以不同形式出现，每个孩子在生命的特定阶段都会经历担忧和恐惧，这是成长中的正常现象。例如，婴儿与母亲分离时会感到恐惧，也会害怕陌生人和初次见面者。不久后，大部分儿童会害怕黑暗环境，其中不少儿童会开始幻想床下有怪物或是门口有窃贼。到了青春期，虽然他们逐渐走向成熟，但其自我意识和羞怯感又普遍成为另一道坎。如果个体随着年龄增长战胜恐惧时，恐惧就只是成长路上较为常见的事，但有时这种情绪也会越过临界点，开始制造麻烦。过度的恐惧通常只是暂时的，但仍会让父母苦不堪言，他们都想帮助孩子快速渡过难关。此外，相比同龄人，一些儿童会有更严重的恐惧和担忧，有些甚至会长期陷在某种恐惧中无法自拔，而这种恐惧心理是在前一发展阶段本该克服的。

有些恐惧是可以理解的，它们事出有因。例如，孩子可能因受侮辱而害怕去上学，或因遭遇入室抢劫而怕黑。但在有些情况下，父母很难理解孩子体验到的恐惧和担忧。例如，有些孩子因担心自己是别人眼中的蠢货而在学校或生活中都要做到尽善尽美；或者即使母亲总能做到按时接送，有些孩子还是会害怕母亲在车祸中丧生；就算没遇到过不幸，有些孩子仍会忧心忡忡，幻想任何可能发生的灾难。在这些案例中，焦虑或许已经根植于孩子的性格，你可能也觉察到了，你的孩子一直都高度敏感，并且容易紧张。

许多成年人认为，童年应该是人生中无忧无虑、没有负担的时期。但你可能会惊讶地发现，所有年龄段的孩子都认为焦虑是他们最常遇到的问题。大约有 10% 的儿童会被临床诊断为焦虑障碍，那些不那么严重但也会令人痛苦的恐惧问题就更普遍了。从婴儿到青少年，所有年龄段的孩子都会受到焦虑和担忧的影响，女孩或男孩，富人或穷人，天才或凡人，在焦虑面前都是平等的，无一幸免。因此，有的父母可能会想："那又怎样？人都会有紧张的时候，这不会伤害到任何人，何必大惊小怪？"从某种程度上来讲，这个想法没错，儿童和青少年的焦虑并不像自杀和吸毒那么严重，但焦虑的确是因为个体承受着真实的痛苦，并非为了博取同情（尽管在某些案例中确实存在这种情况）。焦虑还会扰乱孩子的生活，降低学习成绩，干扰同伴友谊，影响整个家庭。此外，童年期出现的焦虑问题还可能会伴其终生，一些极端焦虑情绪可能会导致更严重的问题，也就是前文提到的吸毒、酗酒、抑郁甚至自杀。然而，如果孩子出现焦虑行为，那么不必过于紧张或担心，焦虑的问题是可以解决的，但最好是采取主动措施，向孩子伸出援手。

无论面对哪种焦虑，你的最终目标都是帮助孩子在生活中调节焦虑情绪，帮助孩子建立自信和培养自控力。本书将介绍一些儿童焦虑行为的常见类型，以便让你更深入地了解儿童焦虑问题，并指导你帮助孩子调控恐惧情绪。本书将讲解各种类型的焦虑，从多数儿童都会经历的轻微的、暂时性的恐惧情绪，到更持久的、更严重的症结。最重要的是，我们将为你详细介绍相关技能和策略，来帮助孩子学会控制自己的恐惧。

认识其他有焦虑问题的孩子

案例

塔利亚是个各方面都很优秀的九岁女孩，她有一大群朋友，彼此之间很亲密。她热爱摇滚乐，是学校篮球队的队员，几乎没什么好让人担心的。不过，塔利亚害怕下水。她五岁时学过游泳，却并不喜欢，总是尽量避免去深水区。只要父亲带她去踩不到底的水域，她就非常害怕，并紧紧贴着父亲，央求他带自己回去。没人知道她为什么害怕下水，因为在她的生活圈里没人有过溺水的经历。她的两个兄弟都喜欢游泳和冲浪，但与水有关的某种东西一直令她感到害怕。她努力尝试，可就是无法说服自己战胜恐惧。如今，塔利亚渐渐长大了，本可以参加泳池派对，或者和朋友去海边游玩，但她已经用光了一切拒绝邀请的托词，对游泳的恐惧正逐渐成为她生活中的困扰。

* * *

10岁的库尔特是个发愁鬼，他担心会做错作业，担忧父母会生病或受伤，担心自己可能会忘记喂食而饿死家中的小狗。父母不再让他看晚间新闻，因为他会为看过的惨剧忧心忡忡两天。他们都要等到做某事的前一刻才会告诉库尔特接下来的安排，否则他就会不断询问将要发生什么。如果必须做那些让他讨厌的事（如考试和看牙医等），他就会翻来覆去地向父母打听情况，不停地寻求抚慰。

库尔特也担心病菌，他一旦碰到某些物品，就害怕手上会沾染病菌，并想象自己会因病而死。他对病菌的传染感到忧虑，担心各种疾病，这种担忧导致他从早到晚不停地洗手。例如，上完厕所后，他要花好几分钟洗手。如果碰到让他觉得脏的物品（如门把手或别人坐过的椅子），他就要立刻清洗。库尔特拒绝去一些场所（如医院和学校餐厅），因为他觉得那些地方有病菌。他有时还会想象有的地方被弄脏了，那里就会变成他的禁忌。例如，曾有一段时间他避免去后院，因为家里的狗曾在那里呕吐过。上周，库尔特和母亲乘火车时，对面的男人打了好几个喷嚏，他到家后就冲进浴室洗澡，洗了45分钟。

* * *

乔治已经12岁了，父母认为他应该可以独立完成很多事，但他缺乏自信，过度担心别人对他的看法。他一直是个容易紧张、敏感又害羞的孩子，在整个成长过程中几乎没有朋友。升入初中后，乔治在他的保护壳里躲得更深了。他花了很长时间才交到第一个朋友托尼，但和他之间还是存在着一些隔阂。乔治的老师说，他在课堂上很少说话，如果被点名回答问题或在全班同学面前发言，他就会立刻神色慌乱。乔治在家里很健谈，但如果有不认识的人登门拜访，他就会马上噤声。他对穿着有非常具体的规定，每次都让父母替他与销售员和收银员沟通，他也从不接电话。尽管父母经常鼓励，但乔治从未加入过任何俱乐部或社团，大部分时间他都独自在家组装模型。乔治时不时会感叹自己孤单，也偶尔感到压抑，并且心情低落。

* * *

拉希是个七岁的女孩，父母在她五岁时分居了，从那时起她就开始非常担心母亲。她害怕母亲会死于车祸或是遭遇抢劫，害怕再也见不到母亲。每次与母亲分别时，她都会大哭，拒绝与保姆单独在一起，甚至拒绝去外祖母家过夜，这导致母亲在分居后再也没办法单独外出。她的母亲渐渐与朋友断绝来往，也没有机会与其他男性见面。拉希有时愿意在父亲那里过夜，但她一整晚都在询问母亲的状况，最近开始不愿意和父亲待在一起了。她的父母虽然分居，但依然相处得不错，他们一致认为有必要一起帮助拉希克服她的担忧。每天早晨让拉希去学校都像是一场战役，母亲有时也会举手投降，只好请一天假在家陪她。拉希常常担心强盗破门而入，也怕黑。过去几周她开始要求到母亲被窝里睡。有时母亲会准许，因为想说服拉希实在太难了。母亲虽然很爱女儿，但最近也开始忍受不了这种监牢般的生活了，为此感到生气和不满。

除了这个主要的焦虑问题，拉希还十分害怕打针、看医生和去医院，但大多数时候，情况都不太严重。然而，有时让拉希去医院接受治疗，或是让她去看望一个生病的朋友，她又很难做到。打针是最大的困难，因为她不允许护士给她注射，所以她前不久就没接种到疫苗。

*　*　*

杰斯11岁了，父母担心她将无法应对中学生活，因为她会为所有事焦虑。父母外出时她会担心，还担心与朋友的感情，担心自己在学校的表现，担心过去和将来的所有事，担心潜在的危险。她总是预想事情会变糟，也不喜欢走出自己的舒适圈，甚至还会为自己的过分忧虑而发愁。虽然她在学校有两个亲密好友，但她也会担心朋友会突然不喜欢自己。杰斯不愿结交新朋友，因为她害怕会失去现在的朋友。她是个非常聪明的女孩，做事一直近乎完美，会花好几个小时来确保每件事都做得绝对正确。她总是在考试中表现很差，因为她为了追求完美，会在试卷的前几个问题上卡顿很久，以致无法完成后面的题目。

杰斯最近特别害怕自己会在吃东西时噎死，这始于一次扁桃体发炎的糟糕经历。从那以后，她就不再吃坚果、肉类等食物，因为她觉得这些食物难以下咽。咽下其他食物前，她也会咀嚼很久。现在她吃的食物和家人不一样，瘦了很多。父母曾试着逼她吃东西，但她被恐惧牢牢控制，甚至还打人，把食物扔到房间的另一边。

这些案例描述了焦虑问题对孩子生活产生的一部分影响。焦虑有很多类型，对孩子的影响方式也多种多样。事实上，有多少个孩子，就有多少种焦虑的类型。你也看到了，恐惧并不总是"怪诞的"或"疯狂的"。当焦虑干扰孩子想要或需要做的事情时，许多看似普通且正常的焦虑就会成为困扰。恐惧和担忧也会在强度和后果方面发生明显的变化。

好消息是，这些问题都能被解决，本书的后续部分会介绍必要技能，包括求实思维法、直面恐惧的策略和人际交往优化技巧。我们会详细讨论每一项技能，提供案例和活动，也会讲解这些理论在上文各个案例中的应用情况，最后会讨论你该如何帮助孩子维持项目的效果，以及如何处理复发问题。这个项目不仅能帮助孩子建立自信，也能让你和家人获益，并为你们赢得时间。依据我们的经验，大部分参与这个项目的孩子虽然有时会对亟待完成的事项存在畏难心理，或是因自己的所思所感而局促不安，但他们都很喜欢学习这些技能。

孩子的焦虑发展成问题了吗

每个人都会不时感到焦虑，对大部分人而言，焦虑并不会每天都影响我们的生活。认识"正常"的恐惧和担忧，了解恐惧对孩子造成影响的路径，将会帮你判断孩子是否需要帮助。

正常的恐惧

恐惧是生命历程中正常而自然的一部分，是人类进化的一个环节，恐惧在生命历程的特定时期出现并发展。通常，幼儿在六到九个月大时就开始害怕陌生人，在与主要养育者分离时产生恐惧。正常情况下，恐惧出现的年龄、程度在每个幼儿身上都略有差异，但这是所有人成长的必经之路，大部分恐惧都有发展阶段的共性。儿童在成长的过程中会出现其他自然发展的恐惧，害怕动物（如狗）和昆虫（如蜘蛛）、害怕下水、怕黑、害怕超自然事物（如鬼魂和怪兽）等，它们通常始于学步期或之后的发展阶段。孩子在儿童中期和后期能更多地觉察到同龄人的存在，开始有了自我意识，并发展出融入集体的强烈意愿。这些情况引发的忧虑通常在之后几年与日俱增，并在青春期中期达到顶峰。那时他们认为世界上最重要的就是表现得像个典型的青少年，并很注重同龄人对自己的看法。

焦虑何时会成为问题

如何判断孩子的恐惧是"异常"的？答案很简单，不能！并不存在"异常的恐惧"这种说法，所有的恐惧都是正常的，只有繁简、轻重和覆盖面的广狭之分。实际上，恐惧一开始可能只是轻微的，如因为害怕病菌而总去洗手。简单来看，这些恐惧是正常的，只不过是逐渐朝着极端化发展了。毕竟大部分人都会担心病菌，比如，你可以问问自己是否愿意用狗盆吃饭。因此，有焦虑问题的孩子可以被简单地看作正常的焦虑变得极端化了，比同龄人的焦虑更具侵入性。

你在判断这件事时，不如想想："焦虑对孩子来说成为问题了吗？困扰到他了吗？给他造成麻烦了吗？"给他造成的麻烦（如恐惧让他沮丧和痛苦）可能很容易就能看出来。或者，这些麻烦迫使他放弃了自己喜欢的事、让他不敢交朋友，抑或是让其学业或娱乐生活受到影响。

如果孩子的焦虑对生活造成了负面影响，你关注的重点就应该是他能在学习克服焦虑的过程中受益。如果你决定指导孩子掌握这些技能，那么你需要记住，只有付出诚心、耐心和恒心，才能看到孩子的转变。这个过程也会很愉快，这些活动不存在任何危险和伤害，反而会让孩子收获颇多（如提升自尊、自信和幸福感）。

焦虑问题有多普遍

正如引言中提到的，所谓的"焦虑障碍"是在儿童和青少年群体中最常见的心理问题。大约有 10% 的儿童会被临床诊断为焦虑障碍，且焦虑障碍的类型会随年龄发展而变化。与主要养育者分离的焦虑在婴幼儿阶段更普遍，而社交恐惧在年龄较大的儿童和青少年群体中更常见。

有趣的是，即使焦虑障碍在现实生活中如此普遍，这也不是澳大利亚儿童心理健康临床诊断中最常见的问题。在澳大利亚儿童心理健康中心，更常见的是有攻击行为、注意缺陷、进食障碍或自杀企图的儿童。虽然焦虑问题在儿童中很常见，但澳大利亚大部分父母似乎并没有考虑带孩子去咨询专业人士。原因可能是他们认为焦虑只是孩子性格中的一部分，并且认为他们对孩子的焦虑无能为力。也可能是因为孩子的焦虑并没像其他问题一样波及父母或老师，所以他们没有意识到焦虑对孩子的影响有多大。此外，与处理焦虑问题相比，澳大利亚许多地方的儿童心理健康中心在处理儿童攻击行为问题上更得心应手。因此，父母会认为担心孩子的焦虑问题显得小题大做，这也会妨碍他们求助。

焦虑如何影响孩子

总的来说，焦虑并不像吸毒和违法犯罪那样会对孩子的生活产生强烈影响，但与焦虑相关的问题也会在很大程度上扰乱孩子的生活。

焦虑的儿童与同龄人相比，朋友数量通常都很少，因为他们大多很害羞，认识新伙伴以及加入俱乐部和社团会令他们感到为难。他们只有两三个朋友，与朋友的互动也不像别人那么多。缺少友谊又反过来会深刻影响他们之后的生活，让他们感到更加孤寂，并减少了他们获得同伴支持的机会。

焦虑也会影响他们的学习成绩。许多有焦虑问题的儿童在学校表现出色，自觉性和完美主义倾向使他们更加勤奋。但也有些儿童做不到力所能及的事，尤其是那些异常焦虑的儿童。我们经常观察到他们做作业拖沓，对课业感到棘手。并不是因为他们没有能力，而是因为被焦虑剥夺了自信，从而无法完成任务。被焦虑困扰的儿童也难以从课堂和老师的教学中有所收获，因为焦虑阻断了他们本可充分利用的资源（例如，他们可能不敢在课堂上提问）。另外，不少有焦虑问题的儿童也许会在课堂上表现得很好，但一到考试就发挥失常，因为对失败的担心使他们无法集中注意力。在长期追踪研究中，有焦虑问题的儿童长大后的职业选择范围和机会都会受限，诸如销售、媒体和法务等工作都与羞怯的人无缘，因为对他们来说，在别人面前表现自我会带来无尽的烦恼。

部分有焦虑问题的儿童会成长为自信而外向的人，但一些人会受焦虑的羁绊直至成年期。成年期的焦虑障碍会成为他们生活中巨大的挡路石，他们更可能滥用毒品和酒精、面临失业，甚至会自杀。他们的抑郁倾向通常出现在青春期，也可能会更早。在此，并不是说这些问题都会在你的孩子身上出现，但就算焦虑对孩子的影响没那么严重，他们也可能会错失一些机会。与其等待问题发展到更严重的程度，不如现在就开始行动。

焦虑的类型

每个人都是独立的个体，尽管没有哪两个孩子的焦虑是完全一致的，但在广义上还是有一些可以归纳的相似之处。

当儿童感到焦虑时，其影响会以三种形式呈现。第一，焦虑会出现在他们的心理过程或思维中。他们的脑海中满是某种危险或威胁，例如，担心自己受伤，担心亲朋好友受伤，担心自己被嘲笑。第二，焦虑是一种生理性体验。在感到焦虑时，儿童的身体会高度紧张和兴奋。研究者常把这种现象称为"战或逃反应"（fight-or-flight response），这种反应会让人处于战斗准备状态或逃离潜在危险的状态，从而起到自我保护的作用。战或逃反应会表现在生理变化上，如心跳加速、呼吸急促、流汗和恶心等。因此，当有焦虑问题的儿童忧心忡忡时，可能会抱怨胃疼、头疼、呕吐、腹泻或身体疲劳。第三，也是最关键的一点，焦虑会影响儿童的行为。儿童在焦虑时可能会出现身体僵直、坐立不安、走来走去、大哭大闹、死缠烂打、浑身颤抖等症状。另外，焦虑通常还会导致显而易见的回避行为（如拒绝晚上出去倒垃圾），也可能是隐蔽性行为（如在派对上一整晚只顾着放歌，不和别人聊天）。

各个儿童的焦虑程度千差万别：有的儿童只害怕一两件事（如只害怕关灯睡觉，其他情况都自信大方）；有的儿童则极度焦虑，担心生活的多个方面，通常看起来生性敏感、紧张不安（如对新环境感到焦虑，也不敢结交新朋友，对狗、蜘蛛和黑暗的环境都感到害怕，还担心父母夜晚外出时会发生意外）。

接下来，将介绍一些常见的焦虑类型。

特定恐惧症

患有特定恐惧症（specific phobia）的儿童害怕某类特定的情景或事物，他们通常极力避免接触那些让他们感到恐惧的事物。他们害怕的事物通常包括黑暗的环境、犬类、高处、蜘蛛、暴风雨和打针。前文提到的塔利亚就患有特定恐惧症，她害怕下水游泳。

分离焦虑

分离焦虑（separation anxiety）是指儿童会因与主要养育者（通常是母亲）分开而产生恐惧。当要与主要养育者分开时，他们会变得非常不安。我们在案例中会发现，有些患有重性分离焦虑障碍的儿童，表现为父母走到哪个房间，他们就跟到哪里，从不离开父母的视线范围。更常见的情况是，他们不愿去学校，在父母计划外出时心烦意乱，拒绝在别人家过夜，想要父母一直待在他们身边。遇到需要分离时，有的儿童会说自己胃疼，或者身体有其他不适。面对分离，许多儿童会闹脾气，因为他们害怕父母或自己遭遇不测，彼此再也无法相见。前文介绍的拉希就在父母分居后出现分离焦虑障碍的症状，但许多患儿并没有如此明显的触发事件。

广泛性焦虑

广泛性焦虑（generalized anxiety）是一种涉及生活诸多方面的普遍性焦虑倾向。患儿常被父母称为"自寻烦恼的人"，他们担心的问题很多，如健康、学业、体育成绩、花销、入室盗窃，甚至是父母的工作。他们尤为担心即将面对的新环境，会翻来覆去地向父母追问情况，寻求安抚。许多父母都提到，晚间新闻或警匪类电视节目能让孩子忧虑好几天。前文提到的库尔特和杰斯就患有广泛性焦虑障碍。

社交焦虑或社交恐惧

社交焦虑（social anxiety）或社交恐惧（social phobia）是指当儿童必须与他人互动或成为瞩目的焦点时，会表现出恐惧和担忧。患儿常被形容为害羞，但他们最主要的问题是害怕自己在某些方面被评价表现得不好。因此，他们会避免需要跟人打交道的场合，包括结识新朋友、打电话、参加社团或俱乐部、在课堂上回答问题，或是穿"错"衣服。前文提到的乔治就患有社交焦虑障碍。

强迫症

患有强迫症（obsessive-compulsive disorder，OCD）的儿童通常会重复特定行为或思维方式，且这种情况经常持续很久。例如，他们一直担心自己沾染污渍或病菌，或者止不住地担心物品是否保持整洁。此外，他们常会重复迷信或仪式类行为，例如，会用一种特殊的方式长时间不停地冲洗身体，在摆放或整理个人物品时遵照某种特殊形状。前文提到的库尔特的主要问题就是强迫症。

惊恐障碍

惊恐障碍（panic disorder）是一种与恐慌惊厥有关的急性焦虑障碍。患者在惊恐发作时，会突然出现强烈的恐惧，并伴有诸多生理症状（包括心跳加速、出汗、晕眩、刺痛感和呼吸困难）。在惊恐发作期间，患儿坚信他们正濒临死亡或者大难临头。惊恐障碍在幼儿中不太常见，更常出现在年龄较大的青少年和青年群体中。有时，患者会因惊恐发作回避很多场合，这种情况被称为伴有广场恐惧症（agoraphobia）的惊恐障碍。

案例

罗赞15岁时经历了初次惊恐发作。那是在一个朋友的派对上，她突然感到头晕恶心，视线渐渐模糊，所有的事物似乎都飘远了。她确信自己快要晕倒了，便大喊朋友们帮忙叫救护车，但进行了多项医疗检查后都找不到生理性病因。从那以后，罗赞就开始总是对某些事物感到害怕，如闪烁的灯光、旋转飞椅，甚至是体育锻炼都会让她的身体产生奇怪的感觉。她经常感到惊恐，一直不见好转，这为她的生活设下种种限制，只要是可能触发惊恐发作的地方，她都害怕，并避免前往。

创伤后应激障碍

创伤后应激障碍（post-traumatic stress disorder，PTSD），即当儿童面对令其尤为害怕的情景或使其遭受过伤害的严重创伤事件时，会产生强烈的反应。触发这类反应的事件包括车祸、自然灾害、性虐待或入室抢劫。大多数儿童会在创伤性事件发生的后续几周出现焦虑，通常情况下这些反应会逐渐消失。然而，在一些案例中，儿童的应激反应会持续几个月甚至几年，创伤性事件会在其脑海中挥之不去，始终记忆犹新，并萦绕在噩梦中，也许还会在游戏中重现。患儿会感到事件似乎在不断上演，使他们的心情一落千丈。他们经常极力避免那些会引起创伤回忆的情景，以便让自己远离不良情绪，并可能出现神经质、睡眠障碍以及易激惹问题。

案例

丹尼现在九岁了。半年前，他和父亲经历过一场车祸。在一条拥堵的主路上，他们停车等红绿灯，位于一排车的最前列。突然，一辆失控的汽车朝他们冲来，丹尼惊恐地看着那辆车冲向他，直冲冲地撞向他们的车头。那一刻，他无助极了，虽然他和父亲在这场事故中受的伤都已恢复，但事故带来的情绪影响仍然极其严重，使其无法挣脱。如今，丹尼经常怒火中烧，时不时就发脾气，他之前从不这样。很多个夜晚，他仍会在梦里重温这场可怕的事故，然后惊醒。丹尼现在很怕乘车旅行，每当在交通繁忙的十字路口停车等信号灯时，他都惊恐万分。

| 父母活动 1：孩子的焦虑问题 |

在读到书中孩子的焦虑问题时，你可能会想"这就是我儿子"，或者"这就是我女儿"。对比你的孩子与这些案例有何相似或差异之处，将帮助你更好地判断孩子的主要问题，也可以帮你确定将要制定的目标和聚焦的领域。请在下面的方框中标记每一处你认为可以称作"问题"的描述，换句话说，与大多数同龄人相比，只要这个行为已经在某种程度上干扰到了孩子的生活，就可以做上记号。

分离恐惧

- 担心走失
- 担心有人靠近他，让他受伤或生病
- 在与父母分开时烦躁不安
- 父母外出时心烦意乱
- 逃避去学校
- 拒绝在别人家过夜，除非父母在场
- 在必须要分别时，抱怨自己身体不适
- 害怕母亲或父亲遇上坏事（如发生车祸）

社交恐惧

- 害羞
- 害怕见人
- 不愿参加小组活动
- 几乎没朋友
- 避免跟同伴互动
- 不喜欢成为焦点
- 认为别人觉得自己很差劲
- 避免穿不同寻常的衣服
- 不太和别人说话
- 害怕在课堂上提问或回答问题
- 担心有人会嘲笑自己，害怕尴尬

广泛性焦虑	强迫性症状
• 特别小心谨慎 • 担心犯错 • 考试难以正常发挥 • 担心学业或凡事都极力做到完美 • 担心资金、花销、家人、健康或安全 • 害怕新环境 • 问一大堆问题,或经常过度寻求安慰 • 看完新闻节目或恐怖片后忧心忡忡	• 重复某个行为 • 抱怨自己逃不开某个想法 • 一直担心沾染病菌或变脏 • 必须保持物品摆放得井井有条 • 通过某种有仪式感的方式完成某个特殊行为 • 在无法完成强迫性仪式动作时烦躁不安
生理症状	惊恐行为
• 抱怨恶心或胃痛 • 抱怨头疼 • 有睡眠问题 • 心跳过快或呼吸急促 • 坐立不安或走来走去 • 发抖	• 突然惊恐发作 • 避免那些让其恐惧的活动 • 觉得自己濒临死亡或身体抱恙 • 害怕经历更多惊恐发作
创伤后的恐惧	特定恐惧
• 在过去遭遇过严重的创伤事件 • 会做有关创伤事件的噩梦 • 无法控制自己不去想那件事 • 一想到创伤事件就心烦意乱 • 躲避触发创伤回忆的情景 • 非常神经质且易怒	• 逃避害怕的特定事物 • 对黑暗的环境、高处、昆虫、动物、临床医师、牙医、暴风雨或下水感到害怕 • 面对害怕的事物惊慌失措

找出你标记较多的类目。你可能在生理症状列表中有不少标记,因为这些症状贯穿所有焦虑问题。然后,你还会发现有的类目没有标记,但有一到三个类目有若干标记,孩子在多个类目存在问题的情况十分普遍。也可能其他类目标记很少,但有一个

类目标记最多，那这个类目一定就是主要症结所在。

你的孩子在哪些类目上存在问题？

1._____

2._____

3._____

孩子为什么会焦虑

关于这个问题，没人知道全部答案，但已有研究指出了某些可能性因素。接下来，我们将讨论可能导致儿童焦虑的原因，或至少是导致焦虑问题如此顽固的原因。

基因

毫无疑问，焦虑问题有家族遗传性。备受焦虑困扰的个体常会发现，其血缘较近的亲属似乎也总会陷入焦虑。如果父母有焦虑问题，那么孩子也多少容易焦虑。在有的案例中，父母的焦虑程度十分严重；但在有的案例中，父母的焦虑程度可能只是稍微高于普通水平。在前一类家庭中，孩子的焦虑问题可能会比较严重。对于只有一类特定恐惧障碍的儿童，其父母不太可能有焦虑问题。

研究还发现，父母遗传给孩子的并不是害羞或怕黑等某种特定倾向，而是比其他人情绪更敏感的一种性格特质。就像个体的身高和发色各异一样，人的情绪特征也各不相同。有焦虑问题的儿童往往性格更加情绪化，这在很大程度上是由基因造成的。好的一面是，这些儿童可能更加体贴、友善、诚实和博爱；不好的一面是，情绪化性格意味着他们更容易感到担心、忧虑、挫败或恐惧。孩子的性格都有正反两面，本书中的技能会让你学到，如何帮助孩子调控那些干扰其日常生活的焦虑。

消极思维

如果孩子容易焦虑或者"性格敏感"，那么首要原因可以追溯到孩子的思维方式及行为上。事实上，这些思维方式和行为是理解孩子焦虑问题的关键所在。这个项目的主要内容将聚焦于此，帮助孩子改变思维方式。首先，有焦虑问题的孩子总是将注意力放在生活中可能出现的危险上，包括现实世界的危险（如"父母要遇难""我家要破产"）和社会关系中的危险（如"同伴会嘲笑我""我会犯错误"）。焦虑的孩子常被困在这些想法中，常把不了解的事物误解为危机，眼中只有一切可能出现的危险，对坏事过目不忘，待好事如过眼云烟。他们总认为世界充满危险，这种思维方式会让其一直焦虑。就拿前文提到的男孩库尔特来说，"父母会生病或受伤""会做错作业"和"他的狗会饿死"这类想法一直萦绕在他的脑海中。此外，他还总缠着父母询问那些他觉得有问题的事情。假如你问库尔特上周他在学校的考试中表现如何，那么他只会将其定义为一次糟糕的经历。如果他听到房子外面有声响，就会猜想是坏事登门。由于这种思维方式和错误解读的存在，这个世界对可怜的库尔特来说就是虎穴狼巢，难怪他总是惴惴不安。

回避行为

有焦虑问题的儿童经常回避各种事物，那些根植于他们性格中的不可控要素驱使着他们避开。有些回避行为显而易见（如不想去学校或聚会），有些则较为隐蔽（如做作业异常刻苦，以求不出现丝毫差错；或是在穿衣服上花很长时间做决定，以求让别人看着顺眼）。然而，只要是回避行为（无论是明显的还是隐蔽的），就会助推焦虑问题持续下去。回避行为助长了消极思维方式，因此患儿不会知道那种思维方式是错误的。如果一点点恐惧就让儿童退避三舍，他就不能学会正面处理问题（如让他意识到"我能应对""并没那么糟"或"这不会伤害到我"）。以乔治的案例为例，他总觉得自己在别人眼里是愚蠢或无能的。他会避开那些需要跟同伴说话的场合，躲在小组里一声不吭，找借口不与人说话，不接电话，不询问他人的建议。然而，如果只依赖这些回避行为，乔治就永远不会明白，其实别人并没有觉得他无能。

父母反应

你对孩子恐惧的反应或处理方式也在某种程度上强化了孩子的焦虑。虽然父母的处理方式不同，但有些父母会以过度保护的方式来应对焦虑的孩子。父母都很爱孩子，面对孩子的恐惧、脆弱和担忧，他们会特别自然地冲上前去给予帮助，这是可以理解的。但在某些情况下，这些帮助会引发孩子的回避行为。有的父母会预测孩子的焦虑，即使是在不必要的情况下也会伸出援手，这种情况常见于那些本身就有焦虑问题的父母。一旦形成了这种行为模式，孩子就再也不用面对恐惧，因此他们会认为"世界充满危险"以及"我不可能独自应对这样的危险"。

父母示范

毫无疑问，孩子会模仿父母以及他们处理问题的方式。如果父母有焦虑问题并且以回避行为来应对，那么孩子也会学着用这种方式来处理恐惧。并不是说孩子的焦虑问题全都来源于父母，毕竟父母的示范作用并不能解释焦虑的主要机制，但是如果孩子已有焦虑倾向，且父母又有焦虑问题，那么孩子就可能习得这些行为，并会强化自身的焦虑。

应激源

孩子被狗咬了，他会在一段时间内怕狗。父母分居或离婚，孩子也常会在一段时间内变得有些不自信，并且更加敏感。这些都是孩子在应激事件后的自然反应。如果孩子本身已有焦虑问题，并且生性敏感，这些应激源就可能会火上浇油。常见的应激源有父母分居、家庭暴力、亲友离世、在学校受欺凌、学业不佳、生病，以及其他特殊情况（如车祸、抢劫、被咬或被蜇、火灾等）。这些经历并不会全都成为孩子焦虑的主要源头，但会是部分儿童焦虑问题的重要触发因素。

此外，我们还发现，人们往往会自己制造应激源。有些孩子被严重的恐惧和担忧困扰，这些问题常会在其生活中引发更多压力，反过来又助推焦虑。例如，一个焦虑的孩子会表现出一些异样举止，这反而会招致同伴的嘲笑。或者，一个焦虑的孩子阻拦父母晚上外出，这种行为让父母备感压力，会让家庭关系变得更加紧张。

| 父母活动 2：影响孩子焦虑的因素 |

前文已经列举了一些会引发焦虑或担忧的影响因素，但患儿并非会受所有因素的影响。不过，回避行为是需要重点关注的，也是每类焦虑问题都会出现的因素。

"孩子的焦虑行为"一图中列举了前文中的主要影响因素，你可以根据孩子的日常表现找到一些对他影响较大的因素。

需要特别强调的是，这个活动并不是要让你陷入自责。根据许多治疗专家的观察，父母很想知道焦虑问题的成因，哪怕一丁点儿也好。不过，在紧要关头，成因并不重要，重要的是你可以做什么。

孩子的焦虑行为

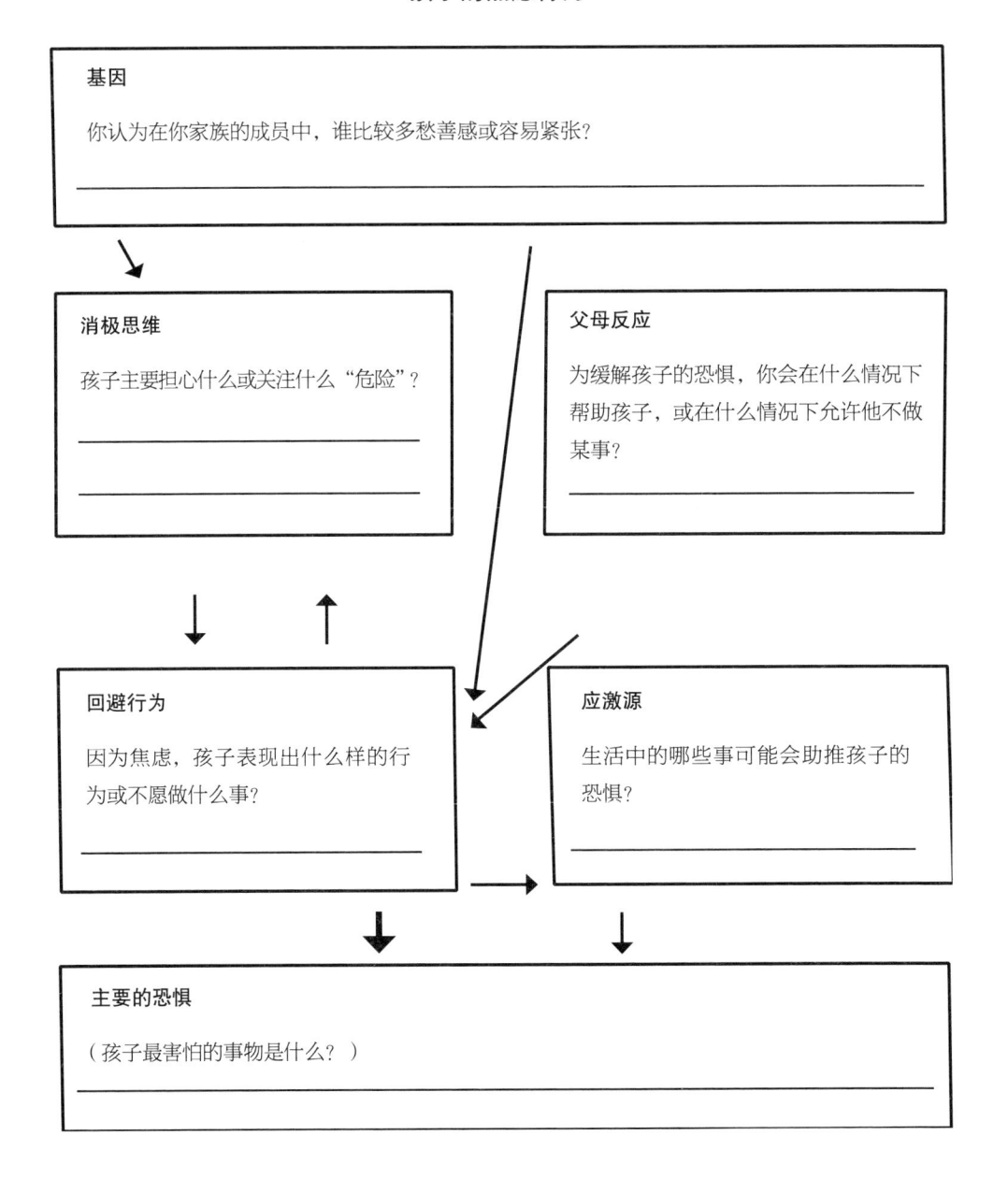

基因

你认为在你家族的成员中，谁比较多愁善感或容易紧张？

_____

消极思维

孩子主要担心什么或关注什么"危险"？

_____

_____

父母反应

为缓解孩子的恐惧，你会在什么情况下帮助孩子，或在什么情况下允许他不做某事？

_____

回避行为

因为焦虑，孩子表现出什么样的行为或不愿做什么事？

_____

应激源

生活中的哪些事可能会助推孩子的恐惧？

_____

主要的恐惧

（孩子最害怕的事物是什么？）

_____

如何帮助孩子摆脱焦虑

在这个项目中，你所要学习的技能都是针对前文讨论过的影响因素，孩子要学习的每项焦虑调控技能也都瞄准了这个理论模型中的某些环节。虽然你可能认为其中某些影响因素与你的孩子的焦虑问题无关，但其内容仍然可以帮助孩子学习焦虑调控技能。因此，我们强烈建议你和孩子学习项目中的每项技能。

为了能更好地理解各项技能的协同作用，请看图"改善孩子的焦虑"，它展示了每项技能与每种影响因素的对应关系，并用楷体标注了技能的名称。你可以看到，核心技能是帮助孩子循序渐进地、始终如一地直面他所害怕的事物（详见第 5 章"阶梯法"）。不过，其他技能也会在这项技能的基础上起到推动作用，让整个项目协同运转。

改善孩子的焦虑

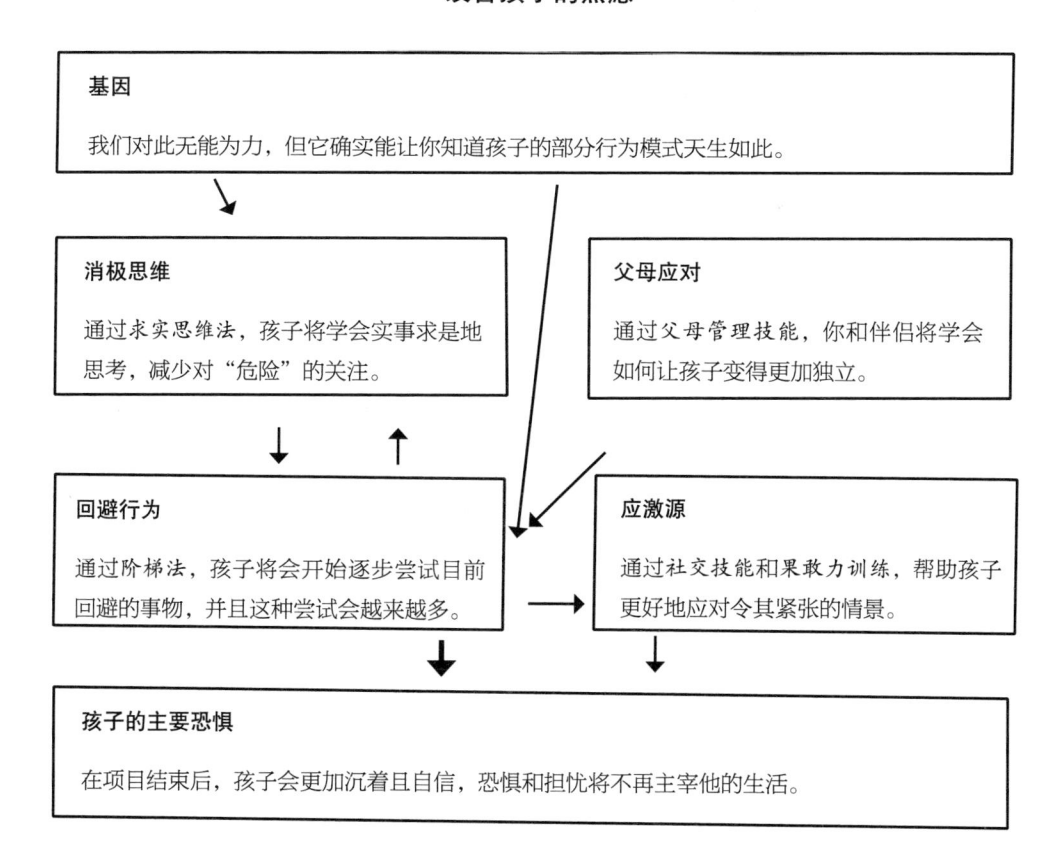

```
┌─────────────────────────────────────────────────────────────┐
│ 基因                                                         │
│ 我们对此无能为力，但它确实能让你知道孩子的部分行为模式天生如此。  │
└─────────────────────────────────────────────────────────────┘

┌──────────────────────────────┐   ┌──────────────────────────────┐
│ 消极思维                      │   │ 父母应对                      │
│ 通过求实思维法，孩子将学会实事  │   │ 通过父母管理技能，你和伴侣将学会 │
│ 求是地思考，减少对"危险"的关注。│   │ 如何让孩子变得更加独立。        │
└──────────────────────────────┘   └──────────────────────────────┘

┌──────────────────────────────┐   ┌──────────────────────────────┐
│ 回避行为                      │   │ 应激源                        │
│ 通过阶梯法，孩子将会开始逐步尝试│   │ 通过社交技能和果敢力训练，帮助孩子│
│ 目前回避的事物，并且这种尝试会  │   │ 更好地应对令其紧张的情景。     │
│ 越来越多。                    │   │                              │
└──────────────────────────────┘   └──────────────────────────────┘

┌─────────────────────────────────────────────────────────────┐
│ 孩子的主要恐惧                                                │
│ 在项目结束后，孩子会更加沉着且自信，恐惧和担忧将不再主宰他的生活。│
└─────────────────────────────────────────────────────────────┘
```

为孩子做好项目整合

每个孩子都不一样,因此不存在一个与每个孩子的情况都能匹配的项目或技能套装。如果你向专业治疗师求助,那么他有责任针对你孩子的特殊情况定制一套最理想的项目方案。你如果主要靠自己完成这个项目,就需要进行项目整合。你可能想要提前了解这个项目所包含的各项技能和方法,以及它们是如何整合在一起的。第9章中详细讲解了每个具体项目,并与前文列举的案例一一对应。最好能提前快速略读,了解这些项目如何将技能组合成方案。为了让你能从另一个视角了解本项目,下文列出了我们设计的项目结构,来源于我们在澳大利亚麦考瑞大学实施的标准临床项目。这个项目由10节课程组成,为期12周。表1-1展示了每周课程覆盖的内容。对于你和孩子该大致按照什么样的时间表开展项目,这个表格或许能给你一些启发。

表1-1　　麦考瑞大学"让孩子冷静下来"儿童焦虑调控项目

内容	本书章节	儿童训练项目
第1周 了解焦虑	1和2	串联想法与情绪
第2周 实事求是地思考	3	侦探思维法
第3周 实事求是地思考、给予奖励、儿童行为管理	4	给予奖励和侦探思维法 儿童行为管理策略(父母)
第4、5周 阶梯法	5	侦探思维法及阶梯法
第6周 简化版侦探思维法、进阶版阶梯法	6	阶梯法(纳入侦探思维法)
第7周 阶梯法方案故障排查	7	阶梯法(纳入侦探思维法)
第8周 社交技能	8	阶梯法(纳入侦探思维法)和果敢力训练
第9、10、11周 讨论遇到的困难,回顾所有技能	9	阶梯法(纳入侦探思维法)和果敢力训练
第12周 未来的目标及处理复发情况	10	为未来规划

总结

有焦虑问题的儿童往往会认为这个世界就是危险之地,他们因此常把很简单的事物解读为某种危险,例如,晚上户外普通的声响会被他们解读为有窃贼出没。如此下去,这种思维方式会让儿童相信他们的恐惧是真实的,进而助推了焦虑问题。最严重的是,焦虑的儿童通常会回避他们害怕的事物,因此从未有机会真正了解,其实他们害怕的事并不会发生,哪怕发生了他们也有能力应对。儿童无法认识到他们害怕的事物通常并不真实,这又恶化了焦虑问题。父母替孩子做事,允许孩子回避焦虑问题,也许是想保护孩子免受焦虑的折磨,但其实这是在默许这种焦虑型思维方式的养成。

在这个项目中,我们将助你一臂之力,教会孩子如何实事求是地思考这个世界,如何在各种情况下减少对危险的妄测。我们会讲解处理孩子问题的各种方法,亲子互动的不同方式,以及如何鼓励孩子逐渐接触他害怕的情景并持续下去。除了这些技能,我们还会讨论其他情况下可能有用的策略,包括如何提升社交技能、如何培养果敢力,以及如何妥善应对他人的嘲弄。在本书的最后,我们还提供了一个关于放松法的附录。这并不是本项目的关键内容,但因为一些人觉得放松对于处理焦虑和紧张非常有用,所以我们也把它囊括进来。

调动孩子开展项目的积极性

让有焦虑问题的孩子尝试新事物或许很难,他们通常倾向于把自己之前没尝试过的事情想得特别糟,并会为此感到紧张。他们可能担心这个项目太难了,或者担心自己会被迫做超出自己能力范围的、令人害怕的事。许多被焦虑困扰的孩子喜欢在父母(和同伴)面前表现完美,因此他们很难承认自己有焦虑问题。但同时,他们也会意识到焦虑令人不适,也想摆脱焦虑带来的苦恼。

与此同时,父母也会对于开展这样一个项目感到些许害怕。着手书中的焦虑调控训练并非易事,你在有些环节中会被要求审视自己的情绪和行为。如果你想让孩子取得切实的进步,就可能需要做好自我改变的准备。总之,完成这个项目需要花费时间和精力。如果你和孩子都不太坚定,那么这个项目就不会发挥作用。

因此，让孩子全力合作很重要，你也需要在接下来的几个月把这个项目放在第一位。如果你和孩子共同努力，它就会发挥最大价值。你们需要组成一支队伍，向着共同的目标奋力前进。与孩子讨论焦虑的坏处以及学会调控焦虑的好处，都可以激发孩子的配合性，并调动他的积极性。要记住，大部分孩子都喜欢和父母一起活动，如果你把这当成一次你们一起进行的游戏或冒险，孩子就更有可能跟随你的步伐。

不妨和孩子一起坐下来，聊聊你们即将要一起开展的项目，以下是讨论要点。

- 感到焦虑是正常的，许多孩子都会有这种感受。
- 你会和孩子一起开展这个项目，整个过程中你一直都在。你可以把它描述成你们两人（或三人）组队的冒险。
- 孩子不会被迫做任何他不想做的事。
- 学习新技能是循序渐进的。
- 这个项目会很有趣，可以赢得奖励。
- 项目结束后，孩子会变得更加勇敢和自信。

需要记住的是，这个项目并不会消灭孩子在特定情景中产生的、正常的保护性焦虑和行为（如走在黑暗的小巷中会感到害怕），而是教授帮孩子调控过度焦虑的技能，扫清孩子生活中的障碍。

充分利用这个项目——开展儿童活动

为了最大限度地用好这个项目，你和孩子最好定期开展活动，练习任务，这非常重要。孩子如果持续、积极地记录，尽力完成任务，就给他一些奖励。如果你对这些任务不上心，那么孩子也会很快放弃。大多数孩子都喜欢图章、小贴纸或将来可用来兑换更大礼物的奖券。孩子每成功完成一个练习任务，就奖励他一颗星或一张贴纸，这个方法会让过程变得有趣，也能鼓励孩子继续参与。不过，你给予孩子的关注、兴趣和表扬才是最有力的奖励，也是鼓励孩子的最佳方式。在后续章节中，我们将讨论如何给予孩子奖励。有一个简单的"一分钟换一分钟"方法，即孩子每投入一分钟就能换取一分钟的亲子娱乐时光（如亲子电脑游戏或亲子阅读）。

父母活动 3：我们的目标是什么

是时候考虑一下你想要从这个项目中获得什么。你能取得多大进展取决于你准备投入多少时间，以及你和孩子为了练习这些新技能将付出多少努力。心中设定好目标，能够让你更有动力，也可以在日后检验你们的进步。

正如前文所说，父母活动是为你（父母）设计的，支持你在焦虑调控训练中帮助孩子。训练中还有一部分是儿童活动（见下文），孩子将借此机会聊聊他自己的目标。

你希望孩子能做到哪些事呢？他目前因为焦虑而无法完成的是什么呢（如放学后和朋友一起玩、别人打招呼时能问声好、上床后半小时内睡着、参加夏令营、拜访家中养狗的朋友）？

1.＿＿＿＿＿＿＿＿＿＿＿＿＿＿＿＿＿＿＿＿＿＿＿＿＿＿＿＿＿＿＿＿＿＿＿
2.＿＿＿＿＿＿＿＿＿＿＿＿＿＿＿＿＿＿＿＿＿＿＿＿＿＿＿＿＿＿＿＿＿＿＿
3.＿＿＿＿＿＿＿＿＿＿＿＿＿＿＿＿＿＿＿＿＿＿＿＿＿＿＿＿＿＿＿＿＿＿＿
4.＿＿＿＿＿＿＿＿＿＿＿＿＿＿＿＿＿＿＿＿＿＿＿＿＿＿＿＿＿＿＿＿＿＿＿

你不希望孩子做什么（如不去上学、必须和你一起睡、不停地问问题、每天或每周抱怨一次胃痛）？他出现这种行为的频率如何？

1.＿＿＿＿＿＿＿＿＿＿＿＿＿＿＿＿＿＿＿＿＿＿＿＿＿＿＿＿＿＿＿＿＿＿＿
2.＿＿＿＿＿＿＿＿＿＿＿＿＿＿＿＿＿＿＿＿＿＿＿＿＿＿＿＿＿＿＿＿＿＿＿
3.＿＿＿＿＿＿＿＿＿＿＿＿＿＿＿＿＿＿＿＿＿＿＿＿＿＿＿＿＿＿＿＿＿＿＿
4.＿＿＿＿＿＿＿＿＿＿＿＿＿＿＿＿＿＿＿＿＿＿＿＿＿＿＿＿＿＿＿＿＿＿＿

写下你想实现的更大目标（如孩子能自信应对新环境）。

1.＿＿＿＿＿＿＿＿＿＿＿＿＿＿＿＿＿＿＿＿＿＿＿＿＿＿＿＿＿＿＿＿＿＿＿
2.＿＿＿＿＿＿＿＿＿＿＿＿＿＿＿＿＿＿＿＿＿＿＿＿＿＿＿＿＿＿＿＿＿＿＿
3.＿＿＿＿＿＿＿＿＿＿＿＿＿＿＿＿＿＿＿＿＿＿＿＿＿＿＿＿＿＿＿＿＿＿＿
4.＿＿＿＿＿＿＿＿＿＿＿＿＿＿＿＿＿＿＿＿＿＿＿＿＿＿＿＿＿＿＿＿＿＿＿

我们将在项目的最后（第10章）回溯这些目标，看看孩子进步了多少，以及你有什么仍需努力达成的目标。

最后，你可以思考一下，在实施这个项目的过程中，你可能会遇到哪些困难（如孩子因太多课外活动而没时间，或者你的伴侣不支持这个项目）？

1._____

2._____

3._____

4._____

花几分钟想想这些困难，再来想想你可以尝试哪些方法来克服这些困难。例如，如果孩子有太多课外活动，那么选其他时间（如寒暑假）来开展这个项目可能会更好。

和孩子一起完成的活动

和孩子一起完成的活动可以帮助你教授孩子焦虑调控技能。请结合本书配套的儿童训练手册来完成。

┃儿童活动1：什么是焦虑┃

一开始可以和孩子聊聊什么是担忧和恐惧，谈谈焦虑的益处（如闻到房子有烟味会害怕，遇到大型考试或比赛会激动）。

向孩子说明，有时就算没有真正令人害怕的事物，人们也还是会感到焦虑，例如，你会害怕外面的声响，其实那只是隔壁邻居家的猫。有些孩子会比其他孩子更容易产生焦虑，且会因此错过很多好玩的活动，并在糟糕的情绪中难以自拔。

告诉孩子焦虑的三个方面：生理反应（如心跳加速）、思维方式（如认为公园里的狗很危险）和行为表现（如离开公园才不会被狗咬到）。试着讲一些例子让孩子理解什么时候会感到焦虑，让孩子知道可以通过所感、所想和所为三个维度来描述焦虑。

告诉孩子有10%的儿童会有严重的焦虑问题。让孩子知道有一些人更容易焦虑，这是天生的；还有一些人是因为持有"这个世界很危险"的想法。

最后，告诉孩子，你们每周会花些时间来完成活动，这将帮助你们学习如何调控焦虑，并鼓励孩子提问。如果需要，让孩子知道你会陪伴着他参与练习，这个项目很棒，不会进展得太快，可以帮他缓解疑虑。

| 儿童活动 2：认识其他有焦虑问题的儿童 |

和孩子一起阅读本章开头的那些被焦虑困扰的儿童的故事，并用孩子能听懂的语言讲给他听。希望这个活动可以开启你们的讨论，让孩子愿意和你聊聊他的恐惧及担忧。让孩子知道自己不是异类，更不是"疯子"。

| 儿童活动 3：我和我的焦虑 |

和孩子聊聊他的恐惧和担忧。首先，可以列出人们可能害怕或担心的事物（年幼的孩子或许更愿意从不同的杂志上裁剪图片）。接着，你可以圈出你小时候（或者现在）害怕的事物，然后让孩子也圈出他无法面对的事物。这样可以化解孩子的尴尬，让他更乐意分享自己的 想法。你得注意，别把这个活动变成一次采访，别在这个时候急着制止孩子的焦虑。请接纳孩子的观点，提出疑问，这样你才能更好地了解他的恐惧。

| 儿童活动 4：我的目标 |

和孩子聊聊他在这个项目中可以收获什么。恰当的提问方式如"你有哪些困难是因为紧张造成的"，或是"如果不是因为太害怕，那你会去做什么事"。你可以多从积极的、具体的方向来发问（尤其是面对幼儿），如"你希望能更容易地交到朋友吗"。虽然你有很多想达成的目标（如在你外出的晚上，孩子可以和保姆待在家里），但你在这里需要关注的是孩子能获得什么（如快快长大、变得更勇敢、有更多朋友）。在彩纸上记录下孩子的目标，可以把这些目标放在你们能经常看到的地方，时刻提醒自己为什么要参与这个项目，尤其是当项目进展不顺利的时候。鼓励孩子把他的目标精心装裱起来，让他为自己的进步而自豪。

| 儿童活动 5：家庭合约 |

让孩子对参与的项目做出承诺，并让孩子得到全家的支持，这些都大有裨益。希望在你们聊完摆脱焦虑的好处后，孩子愿意参与这个项目。立下一份家庭合约，这会让你们更加严肃地对待接下来几个月的课程，也会让你和孩子明白后续要付出很多努力。

你可以给孩子准备一份合约（儿童训练手册中提供了参考样例）。合约里应该声明，你和孩子（以及参与这个项目的家庭成员）将一起学习如何调控焦虑。为实现目标，你们将每周共同学习一次，每天也会学习一些相关内容。合约里还要写上孩子每周完成学习和练习后可获得的奖励（如额外一小时玩电脑的时间）。

你们可以计划在项目完成后，为签订合约的人安排一次特别的活动，这个活动只允许参与项目的家庭成员和孩子参加，这会让孩子相信自己是特别的，并相信他的努力会有回报。建议花三个月完成这个项目。此外，在过程中，以取消这个活动来威胁孩子是不可取的，应该用它来鼓舞每个人。让大家记住，彼此约定要战胜焦虑，这件事关乎每个人的长远利益。

这份合约是为在这个项目中做出承诺的家庭成员准备的，不想许诺的人就不应该签名。如果孩子犹豫不决或不愿许诺，就要试着询问原因。可能是孩子对你想让他完成的事感到害怕，毕竟没人喜欢被迫做自己不喜欢的事。如果是这样，那么你首先可以告诉孩子他能从这个项目中得到什么好处。换句话说，就是他会实现的目标。接着，你还要让孩子知道，他每一步需要做什么，以及他有权决定自己何时做何事。如果这样还是行不通，那么你可能需要事先准备短期合约，即只对接下来几周的安排拟定合约并做出承诺。如果有必要，合约甚至可以只针对下一周。即使只是短期合约，也有必要写上每周奖励。如果你能让孩子至少先同意开启项目，那么随着项目的不断进展，就有希望让他找到更多的乐趣。

本章重点

在本章中,你和孩子学到了:

- 通过评估焦虑对日常生活的影响,你可以判断孩子的哪些恐惧行为是有问题的;
- 焦虑会通过思维方式、生理症状和行为表现这三种形式呈现出来;
- 焦虑分为不同类型,孩子的焦虑问题不只存在于一个方面,这是一种正常现象;
- 焦虑的产生和持续取决于不同影响因素,包括基因、消极思维、回避行为、父母应对方式、父母示范和应激源;
- 与每种影响因素对应的焦虑调控技能。

孩子需要完成以下任务:

- 在父母或其他成年人的帮助下完成儿童活动;
- 制订计划,针对焦虑调控技能的学习签订一份合约。

第 2 章

思维方式和情绪
如何影响焦虑问题

学习焦虑调控技能的第一步

有几个要点能切实帮助孩子学习如何调控焦虑。如果孩子较为年幼,那么可能需要在这个环节多花些时间;如果孩子的年龄较大,则可以很快完成。

认识情绪

许多孩子难以命名情绪,也难以区分不同情绪,因此,确保孩子在学习焦虑调控技能前认识并区分不同情绪是很重要的。命名并讨论日常生活中出现的情绪,或是做一些以情绪为主题的游戏,都能帮到孩子。儿童活动 6 就包含了不同类型的情绪,你可以先从这里入手。也可以通过其他方式让孩子认识不同情绪,例如,让孩子在游戏中表演某种情绪,先指定情绪类型(如悲伤或生气),然后提供情景(如赢得大奖或丢失钱包),之后让孩子表演他在这些情景下可能出现的情绪,并试着让这个游戏更加好玩和有趣。如果其他家庭成员也愿意参加,那可以在一套卡片或纸片上写下不同的情绪,让每个人轮流抽取卡片,并在不借助语言的情况下把卡片上的情绪表演出来,然后让其他人猜一猜他表演的是哪种情绪。

孩子还应该认识到,焦虑有不同的表现形式,如恐惧、担忧、紧张、害羞、尴尬和惊恐,这些情绪关注的潜在危险各有侧重。虽然存在些许差异,但就这个项目而言,它们在本质上是相同的。

焦虑量表

教孩子评估自己的焦虑是关键的一步,这能帮助孩子理解强烈的情绪并非空穴来风或不可预测。另外,还要让孩子知道,他要做的并不是要完全"消灭"焦虑,而只是更好地调控情绪。因此，具备区分不同恐惧水平的能力，随着项目的推进会变得越来越重要。

我们将使用焦虑量表来表述焦虑情绪的不同程度或等级。在儿童活动7中，你将指导孩子认识这个量表。图中体温计的刻度从0到10，代表从"非常放松"到"极度焦虑"的不同水平的焦虑情绪。这属于一种个人判断，个体会对不同情景有不同的感知。关键在于孩子能明白焦虑情绪并非"全有或全无"，而是有等级上的变化。

帮助孩子了解焦虑量表后，让孩子练习给自己的焦虑打分也是同等重要的。问问孩子在一天的不同情景中，他的焦虑等级有何不同，这将帮助孩子对自己不同程度的焦虑有更强的意识，也会赋予你们使用共通的语言来描述焦虑（如"我感觉自己现在的焦虑等级是4"或者"我现在的焦虑水平达到了7"）。

焦虑如何影响孩子

前文阐释过焦虑会通过三种形式（思维方式、生理症状和行为表现）呈现出来。在本周的焦虑调控训练中，孩子要先逐渐了解焦虑是如何影响自己的，才能逐步深入理解这项训练。可以参考以下信息。

焦虑如何影响身体

当我们感到害怕时，身体会呈现出很多生理症状，包括呼吸急促、心慌、想上厕所、膝盖发软、肌肉紧张、晕眩、哭泣、出汗、胃疼、颤抖、头疼、燥热、坐立不安、心跳加速和脸红。

对于年龄较小的孩子，可以让他先想象一只受到惊吓的小猫，借此描述这些身体变化。问问孩子，如果小猫在睡觉时突然醒来，看到一只大型犬在它身边，那它会有怎样的变化（如毛立起来、眼睛张大、身体缩紧、害怕的表情）。之后，让孩子想想自己在焦虑时的身体感受。另外，你还可以和其他家庭成员向孩子主动分享自己在焦虑时会出现的身体反应，让孩子更好地理解不同人的反应既有相似之处，也存在差异。儿童活动8可以帮助你和孩子辨别这些生理症状。

焦虑如何影响思维方式

让孩子了解更多自己焦虑时的想法和感受是非常关键的。事实上，这个部分相对来说也更加重要，因为接下来的几周，你都将帮助孩子改变焦虑的思维方式。孩子会学习到，不同情绪伴有相应的想法，与焦虑对应更多的是指向危险的思维。此外，孩子需要意识到，他倾向于把事情预想得特别糟糕。在孩子学习这些思维方式的时候，可以试着让他用具体事例来表述自己的想法，而不只是描述情绪。比如，用"这会让我受伤"来表述自己的想法，这是在描述一件事，即他一直在预想糟糕的结果；但"我很害怕"只是简单地表明了情绪，并没有表明孩子在害怕什么。对孩子来说，这部分内容的难点是，了解想法和情绪之间的差别，不要将二者混淆。在这里引入术语"焦虑型思维"会是一种好的方法，孩子应该意识到，感到害怕、紧张或害羞是因为存在焦虑型思维。当然，因焦虑型思维产生的想法有时难以辨别，有些孩子会说"我就是有这种感觉"。如果孩子说了这样的话，那么你先别急着推进，不妨先鼓励孩子"猜一猜"他现在正在想什么。焦虑型思维在项目的后续部分会越来越重要。儿童活动 9 可以帮助你和孩子了解他的思维方式。

焦虑如何影响行为表现

让孩子想想他在焦虑时的行为，可能是以不同方式躲开或回避令他害怕的情景，也可能是走来走去、击打、发脾气、求助或咬指甲等。你可以试着让孩子意识到自己在焦虑时经常做的事。可以先告诉孩子你在焦虑时有哪些行为，然后让他想想其他家庭成员有哪些行为，最后再问问他自己常有的行为。此处的难点与焦虑型思维部分类似，有些孩子无法辨认自己的焦虑行为，或是不承认自己有类似行为。同样不要在这个阶段逼迫孩子。

｜父母活动 4：了解孩子的焦虑模式｜

由于你要在接下来的项目中持续不断地帮助孩子，因此你最好对焦虑模式有所了解。

请创建一份表格，包括情景、孩子通常说什么或问什么、孩子因恐惧和担心不愿做什么，以及孩子预想的结果。然后，在接下来的几天内仔细观察，留意孩子焦虑的行为表现、思维方式和情绪，并填入表格。

根据收集到的信息，描述孩子担心或害怕的事物有哪些（想一下他的典型用语、生理症状、情绪波动情况等）。

1._____
2._____
3._____
4._____

请留存这些信息，在后面的活动中还会用到。

将情景、思维方式和情绪联系起来

在孩子理解了上述内容后，接下来就是要理解情景、思维方式以及情绪是相互联系的。只有先学会辨认所处的情景、当时的想法和情绪，才能成功地把三者联系起来。你们需要每日练习来掌握这个首要技能，让孩子能够区分焦虑型思维和焦虑情绪。

用图或表格来帮助孩子记录情景、思维方式和情绪。以图2-1为例：孩子描述了害怕的情景、当时的想法以及内心的感受（如害怕、担忧、害羞、紧张等），并在焦虑量表上标出了恐惧和担忧的程度。

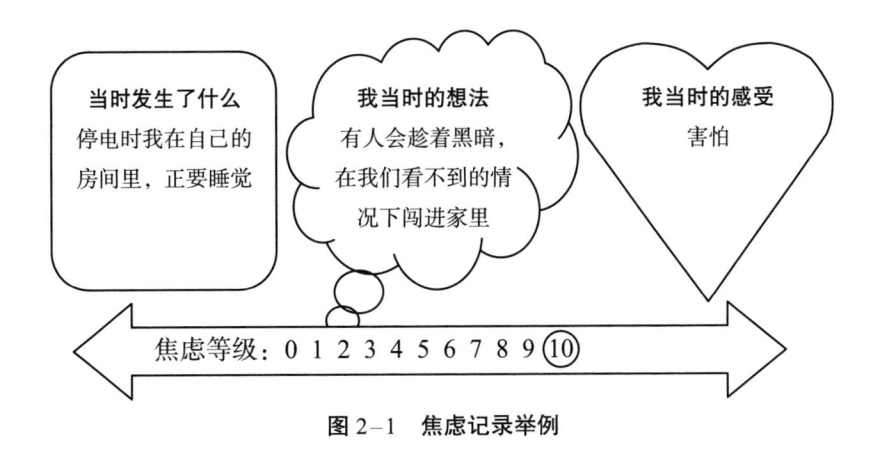

当时发生了什么
停电时我在自己的房间里，正要睡觉

我当时的想法
有人会趁着黑暗，在我们看不到的情况下闯进家里

我当时的感受
害怕

焦虑等级：0 1 2 3 4 5 6 7 8 9 ⑩

图2-1　焦虑记录举例

和孩子一起完成的活动

| 儿童活动 6：认识情绪 |

用一本有很多人像的杂志或是儿童训练手册中提供的卡通人脸来和孩子讨论不同类型的情绪。鼓励孩子使用与情绪有关的不同词语，并在孩子能够给情绪命名后，和他一起玩与情绪有关的猜谜游戏——只用肢体语言和面部表情来表达情绪，让孩子猜猜是哪种情绪，然后互换角色。开始前，可以先在纸片上写出不同类型的情绪，放进一顶帽子里并轮流抽取。

| 儿童活动 7：焦虑量表 |

给孩子看形似温度计的焦虑量表，可以在儿童训练手册中找到范例。向孩子解释，有时我们只是稍微有些担心，有时我们又会非常害怕。为能够快速说出自己有多害怕，可以在焦虑量表上给自己的焦虑情绪打分，就像在温度计上读刻度一样。让孩子用焦虑量表描述他在不同情景中焦虑的等级，包括荒唐的情景（醒来时发现床上有头狮子）、焦虑程度很低的情景（在奶奶生日时前去问候），以及你知道孩子会非常害怕的情景，请确保涵盖焦虑量表中的不同等级。

| 儿童活动 8：焦虑与生理症状 |

勾勒一个身体的形状，让孩子指出焦虑影响了他的哪些部位。可以画一个小一些的身体形状图，也可以准备一张很大的纸，让孩子躺上去，然后描出孩子身体的轮廓。接下来，孩子就可以在这张图上涂画，指出焦虑影响身体的部位及方式。如有需要，可以借用"焦虑如何影响身体"部分列出的内容，让孩子知道可能会出现的生理症状。比较孩子的症状和你自己在担心或恐惧时的症状，帮助孩子接纳这些正常的生理表现。

| 儿童活动9：焦虑如何影响你的想法 |

告诉孩子，情绪会取决于想法。和孩子一起看杂志上的图片，问他图中的人是什么心情，然后让他猜猜这个人正在想什么。图片可以被解读为积极的，也可以是消极的，例如，一个小孩正在滑冰（可以在儿童训练手册中找到）。先让孩子想一下，什么想法会让这个人开心，再找出什么想法会让这个人感到担心或害怕。需要和孩子一起多做几次练习，这样孩子才能轻松地辨认不同情景中的情绪。在这项活动的最后，告诉孩子不同的人会有不同的想法，即使是同一个人在同一个情景中也会有不同的想法。

| 儿童活动10：将想法和情绪联系起来 |

以"发生了什么""我当时的想法"和"我当时的感受"为表头创建一张表格，也可以模仿图2-1，使用矩形、思维气泡和心形来完成一幅图。然后，让孩子想想他什么时候感到非常开心且放松、当时的情景如何、在场的人物，以及大家当时在做的事。正如图2-1所示，让孩子在第一个方框里简要描述这个情景，回忆他刚才正在想什么或正在说什么。如果这个情景是很早以前发生的，那么回想起来可能会比较困难。如果孩子无法想起当时的想法，就让他猜猜，他在这种情景中通常会怎么想，并在思维气泡里写下来。然后，让孩子说说他当时的感受，并填在心形图里。最后，让孩子就这个情景在焦虑量表上打分（可能是0分）。

接着，以同样的方式重复这个练习，但这次是让孩子回忆自己特别担心或害怕的事。最后，让孩子讲讲过去一两天发生的某件事，并问他当时的所思所感。也可以利用你过去几天发生的例子，帮助孩子理解想法和情绪的对应关系。

| 儿童练习任务1：了解我的想法和情绪 |

前文说过，让孩子认识到自己的焦虑模式尤为重要。可以给孩子一两周时间，持续记录他的焦虑和困扰他的事，写下事件发生时的情景、他当时的想法和感受。在孩子感到焦虑、担忧、害羞或害怕的时候，哪怕很轻微，也用类似图2-1的图或表格记录下来。这些情绪每天可能会出现很多次，也可能只出现一次，你要鼓励孩子每天至少记录一次。对于孩子在这周付出的努力，要记得给予表扬和奖励。

本章重点

在本章中，你和孩子学到了：

- 如何识别并区分不同的情绪；
- 如何使用焦虑量表描述焦虑的程度；
- 焦虑时身体有哪些反应；
- 在令人焦虑的情景中，是焦虑型思维导致了消极情绪。

孩子需要完成以下任务：

- 在父母或其他成年人的帮助下完成儿童活动；
- 完成儿童练习任务 1。参考图 2-1 完成儿童活动 10，至少持续一周，每天至少记录一次。父母需要提前帮孩子为本周任务复印好表格[①]。

[①] 儿童训练手册的附录中有各种表格，便于父母带着孩子反复练习。——译者注

第 3 章

学会实事求是地思考

学会实事求是地思考能帮助个体战胜焦虑，也是这个项目的重要内容。不过，即使是成年人，恰当地使用这个技能也并非易事。因此，为切实帮助孩子使用这个技能，你最好自己也能掌握。据此，我们把本章分为两部分。在第一部分中，我们会教授你求实思维的概念和方法，让你充分理解其机制。由于这个技能比较复杂，因此建议你在日常生活中也花些时间运用求实思维，协助你应对担忧、紧张或生气的事，将理论付诸实践才能帮你更好地理解技能奏效的方式。在第二部分中，我们会教你如何教授孩子求实思维法，我们将儿童版本称为"侦探思维法"。相比给你提供的完整版本，我们对其进行了简化。

如果你觉察到自己的恐惧和焦虑，就学着使用求实思维法，最好让孩子看到或听到你正在使用这个策略。

求实思维法的基础原理

你需要先理解一些基本原理，然后才能学会改变自己的思维方式，并通过这个策略调控个人情绪，从而帮助你的孩子。

事件、想法与情绪之间的关系

大部分人认为是事情本身引发了个人情绪，换句话说，你认为经历了一件事就必然会产生与之对应的情绪，例如，你说过多少次"你让我很生气"或是"那些噪音让我很害怕"？然而，交通拥堵和他人行为等外界因素并不是引发情绪的全部原因。这样想可能会更好地理解：两个人经历同一件事，但他们对此产生了不同的情绪体验；对于同一件事，同一个人在不同时间点的感受也可能完全不同。这是为什么呢？

答案就在于你的信念、想法或自我对话，换句话说，就是你的情绪取决于你如何看待事物。正如下文的例子，个体对情景或事件的思维方式决定了其情绪体验。

> **案例**
>
> 托尼的妻子和吉姆的妻子都因为看电影晚回家一个小时。托尼告诉自己，妻子晚归可能是在和朋友喝咖啡（这是他对这件事的想法），于是他就没再担心，尽管对妻子没想着打电话告诉自己多少有些生气；相反，吉姆则告诉自己，妻子一定是遭遇了车祸（这是他对这件事的想法），他担心得要命。

这个案例说明，并不是事件本身（妻子晚归）造成了丈夫的情绪体验，而是他们各自持有的想法和思维方式决定了他们产生了不同的反应。事件只是触发器，其所触发的情绪取决于个体对事件的解释。下面这个案例可以让我们看到，即使对于同一件事，一个人也会产生不同的情绪体验。

> **案例**
>
> 塞利娜刚结束一天的工作，感到又累又烦。回到家时，丈夫亚隆在给小儿子查尔斯喂饭。之后亚隆离开了几分钟，查尔斯便开始玩食物，大笑，并突然举起碗，把所有食物都扣在自己头上。查尔斯觉得这样很好玩，可塞利娜对这个混乱的场面大发雷霆。几天后的一个晚上，发生了同样的事，但那天刚好塞利娜在公司升职了，心情非常愉悦。当查尔斯把碗扣在头上时，塞利娜觉得这简直太可爱了，也跟着孩子哈哈大笑。

这个案例说明，即使是同一事件也可能会触发同一个人的不同情绪，这完全取决于这个人当时的想法。在这个案例中，塞利娜在第一次时觉得这个场面既混乱又麻烦，于是就生气了；第二次觉得儿子很可爱，玩得很开心，于是她的心情也不错。

我们很容易被蛊惑，认为事件本身是造成我们情绪的原因。但实际情况是，我们的想法源于我们对事件的解释，是这些想法直接决定了我们的情绪。你和孩子在参与这个项目的过程中，请提醒自己：情绪并非由事件本身直接决定，而是我们对事件和情景的想法或解释引发了我们的情绪（见图3-1）。

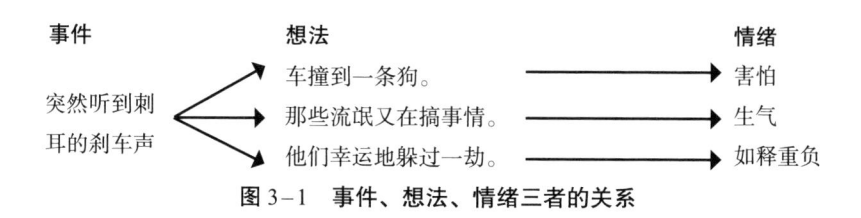

事件	想法	情绪
突然听到刺耳的刹车声	车撞到一条狗。 那些流氓又在搞事情。 他们幸运地躲过一劫。	害怕 生气 如释重负

图 3-1　事件、想法、情绪三者的关系

思考时常犯的两种错误

在思考时，大部分容易焦虑或感到压力大的人都爱犯两种错误：一是高估坏事发生的概率；二是高估灾难性后果。

高估坏事发生的概率

有焦虑问题的人经常觉得自己很可能遇上坏事，即便事实并非如此。某个人生性害羞，但不得不强打精神在一场婚礼上致辞，他可能会想："我知道，我肯定会说错话。"而真实情况可能是，他确实说错了一点儿，但算不上"在婚礼上说错话"。也就是说，他真正说错话的概率其实并不是很高，而"我肯定会说错话"这样的想法则代表百分之百的可能性，意味着说错话是绝对会发生的事。很明显，这就高估了坏事发生的概率。

类似地，如果你回家晚了，你的孩子就坚信"妈妈/爸爸遭遇了车祸"，他就会感到焦虑。但是，这种思维方式意味着百分之百的可能性，即妈妈/爸爸绝对是出了车祸。虽然是有发生车祸的概率，但现实是这种可能性微乎其微。所以，如果孩子觉得车祸是必然的，他就是高估了坏事发生的概率，这只会加剧焦虑。

高估灾难性后果

对于高度紧张的人来说，生活危机四伏。他们不仅相信自己很可能遇到坏事，而且相信后果是灾难性的，让人无法承受。

有趣的是，大部分把结果想到最坏的人都没有意识到这一点。换句话说，他们从未这样问过自己："最坏的情况是什么？如果发生了，我能应对吗？"例如，假设你在赴约的路上遇到了堵车，如果你想"不要啊！这样一来我肯定会迟到"，那么这样的猜测就意味着你认为迟到会带来非常糟糕的后果。然而，如果你能这样问自己"如果我迟到了，真实的后果会是什么？我能处理吗"，那么你可能就会发现，迟到并没有你想得那么可怕。

再想象一下，孩子对做错作业感到非常焦虑，犯错在他眼里就等同于"世界末日"。而实际情况是，老师可能只是批注一下，出错可能根本不会带来什么严重后果。

转变你的想法

情绪取决于我们对事件的看法，容易焦虑的人倾向于把坏事想得更严重，并认为坏事更可能发生在自己身上。因此，如果我们能转变这些想法，就能在某种程度上控制焦虑。

在继续推进之前，要特别指出限度问题。没人可以完全控制自己的想法和思维方式，因此也没人能完全控制自己的情绪，这也不是我们的目标。我们的目标是指导你帮助孩子控制他的极端想法，并把程度降低，这样孩子就能把极端情绪降到较低水平，这是学会克服焦虑的步骤之一。

减少极端焦虑，其实就是要转变人的思维方式，把偏激的想法去极端化。例如，不要再想"我的爱人遭遇了车祸，他/她遇难了"，而应该想"我的爱人有一定的概率发生车祸，但他/她迟到更有可能是有其他原因。哪怕是遭遇了车祸，或许也只是轻微受伤"。如果你采用了第二种想法，就能减轻焦虑。

改变情绪的关键就是转变思维方式。你必须让自己坚信，那些不那么极端的想法才是真实的。幸运的是，这个方法适用于大多数情况。不偏激地进行思考通常不太难，生活中的大多数情况是，极端、毁灭性的想法都可以贴上"不切实际"的标签，不偏激的想法才更符合现实，这就是我们把这项技能称为"求实思维法"的原因。通过实事求是的思考，就能学会控制焦虑。

当然，有一点也很重要：生活中有时的确会发生坏事，这时感到焦虑完全合情合理，也符合时宜。我们的目标不是让孩子不要产生焦虑，而是教孩子如何在焦虑过度时及时进行调控。

着眼证据

转变思维方式的关键是真心相信新想法，也就是说服自己以前的思维方式是不对的。需要学会着眼于真实的证据，即对待生活，你需要像个侦探或者科学家，你所想到的每一个消极事件都要找到相关证据。

你也需要这种侦探般的思维方式。每当感到压力大、焦虑或担忧时，你要问问自己"我的心里究竟在想着什么糟糕的事"，或是"我到底觉得什么事会被搞砸"。答案就是你的消极想法。例如，试想一下，你被叫到老板办公室，但你并不知道为什么。你发现自己忧心忡忡，此时你可以问自己："为什么我会担心？我的心里究竟在想着什么糟糕的事？"你的答案可能是："她可能要批评我。"这就是你的消极想法。注意，"我在琢磨为什么她想见我"等类似答案并不是消极想法，也不是让你担心的理由。如果你不太知道该怎么自问，就先反复问自己："我的心里究竟在想着什么糟糕的事？"

在确定了自己的消极想法后，需要找到证据——要么支持你的想法，要么与你的想法相悖。你可以着眼不同类型的证据，针对每种消极想法，需要寻找的证据都会有些许不同。以下为四种常用的证据类型。

过往经验

试着问自己经历相似情景的频率和遇到坏事的频率，这是最简单的证据来源。记得要对自己诚实，不要只看那几次糟糕的经历，而应把每一次相似情景都考虑进去。例如，你可以自问："像这样被老板叫去，我之前经历过几次？其中有几次是因为我做错了事？"

普遍信息

你也可以通过观察关于这个情景或事件的普遍信息来获取优质证据，可以是常识、逻辑、综合性知识，甚至是官方的统计或研究。例如，可以问自己："我通常会犯错误而不自知吗？我的老板是那种经常批评员工的人吗？"

备择解释

试着思考这件事的原因，有没有可能存在其他解释。你心中已有的消极解读可以算作一种解释，但有没有其他角度的解释呢？例如，老板叫你过去是为了弄清她不明白的事、给你布置新任务、了解你对某件事的看法，或者是给你升职。虽然不能保证绝对正确，但这能让你明白，你的消极解读仅仅是所有可能性中的一种。因此，你的消极预期并不是必然发生的，令你害怕的后果可能不会出现。

角色颠倒

对于某些情景，尤其是人际交往的情景，转换思考的角度也能提供很好的证据。先假装你是对方，而对方现在是你，或者这件事发生在其他人身上。然后自问，如果情景逆转，你会有什么感受，或会怎么想。例如，可以问自己："如果是我的同事被老板叫到办公室，我还会认为她要被老板批评吗？"大多数情况下，我们不会把别人的生活想得那么消极。因此，这是一个强有力的方法，你会意识到，你对自己所持的想法不同于对别人的想法。

以这样的方式着眼所有证据，能帮你说服自己，那些消极想法（"她要批评我了"）不太可能发生，或者发生的概率比你原本想的要低。然而，要想转变想法，还需更进一步。

前文提到，容易焦虑的人倾向于高估坏事发生的概率和灾难性后果，目前着眼的这些证据可以帮你降低预估坏事的可能性。但事件的后果呢？为了检验这一点，你需要问自己最后一个问题："那又如何？"换句话说，你需要问自己："如果我预期的坏事真的发生了，又能怎样呢？"这个问题会帮你引出两种可能的反应：一是你马上意识到自己担心的坏事并没有那么糟；二是你的脑中会冒出另一个消极想法，然后需要就这个想法再查找相应的证据。

例如，你可以问自己："如果我的老板确实会批评我，那又如何呢？"一种反应是，你会回答："我猜并不是什么大事，我能应对。"如果你真的这么相信，那么你的担心会立刻烟消云散。另一种反应是，你的脑中会冒出另外一个消极想法，类似"如果老板批评我，就会开除我"，你也能马上意识到这是另一个极端想法，需要再找到支持或反对它的证据。例如，你可以审视这个想法的逻辑（"老板不过只是发现了我的一个错误，这就意味着会开除我吗"），或者参考过往经验（"我过去被老板批评过吗？每次都丢掉工作了吗"）。

学会把求实思维法运用到实际生活中并不容易，需要大量练习。在阅读这个部分的时候，你可能会想："为什么一直在向我灌输这些观点？我又没有这种问题。"或许这是事实，但实际上所有人偶尔都可以使用求实思维法。我们有时本来没必要生气，没必要备感焦虑或紧张，但还是产生了这些情绪，学会实事求是地思考能帮你扭转局面。不过，只有在非情绪化时学好并勤加练习，这项技能才会发挥作用。更重要的是，如前文所说，为了孩子，你自己也要学会实事求是地思考。如果所有家庭成员都能用好求实思维法，孩子就能通过模仿来学习，从而真正掌握这项技能。而且，如果你对自己正在做的事了如指掌，就能更好地帮助孩子。因此，我们强烈建议你和孩子反复练习求实思维法。

我们希望你能找到应对以往焦虑的证据，通过分析这些证据，你可以形成更符合实际的想法，避开极度焦虑。你或许也预见到了，一开始学好这项技能会很困难。在父母活动5中，需要想出一件最近令你感到焦虑的事，然后厘清与之对应的证据。下文为你准备了一些发问方式，供你在今后寻找证据时使用。之后，还可以使用求实思维法表格（见表3-1）做更多练习，它可以帮助你运用这项技能应对自己的焦虑型想法。

｜ 父母活动5：为我的焦虑寻找证据 ｜

不论是成年人还是儿童，求实思维法都不是轻易就能学会的技能。在你开始指导孩子前，请先自己尝试一下。

想一件最近令你烦心的事。

_____

关于这件事。你有什么想法？

_____

你的焦虑程度如何（请使用焦虑量表）？

_____

过去产生类似焦虑时，发生了什么？

_____

关于这件事，有什么可以参考的信息？
_____

这件事有没有其他的解释？
_____

站在他人角度，你会怎么想？
_____

如果这件事真的发生了，会有多糟糕？
_____

基于这些证据，你本该有的真实想法是什么？
_____

如果你采纳了这个新想法，焦虑程度又会如何（请使用焦虑量表）？
_____

表 3-1　　　　　　　　　　　　求实思维法表格

事件 会发生什么	
想法 我是怎么想的	焦虑等级：
证据 · 过去发生了什么 · 对于这件事，我了解些什么 · 有什么其他可能的解释 · 最有可能发生的后果是什么 · 别人对此会做出什么样的预期 · 真实情况会有多糟糕	
最贴近现实的想法	焦虑等级：

给孩子传授求实思维法

前文讨论的要点有些晦涩，能把这些原理运用到思维过程中更是难上加难。教授孩子时更需费心，你可以运用简化版原理。孩子需要定期使用侦探思维法表格（见表3-2）来练习。这个表格和求实思维法表格很像，只是用词和提问方式更简单一些，更适用于儿童。你只有先使用求实思维法表格解决了自己的焦虑问题，才能更好地了解这项技能如何在孩子身上发挥作用。

表 3-2　　　　　　　　　　　　侦探思维法表格

事件	
想法	焦虑等级：
证据 • 事实是什么 • 还有可能发生什么 • 我之前像这样焦虑时发生了什么 • 最有可能发生什么 • 别人在遇到类似情况时，会发生什么	
最贴近现实的想法	焦虑等级：

孩子应先厘清几个要点，才能开始本章的训练。这些要点贯穿于训练和阅读过程，最好反复强调，如下：

- 所谓想法，就是大脑中的自我对话；
- 想法很重要，决定了情绪和行为；
- 想法可以分为冷静型和焦虑型；
- 通常情况下，只要做个优秀的"侦探"，寻找切实的证据，焦虑型想法就可以转化为冷静型想法。

对于接下来的内容，你和孩子将分三个不同又相互联系的阶段进行学习和练习，且每个阶段都建立在前期基础上。第一阶段，帮孩子了解大脑中存在的想法，教孩子逐渐学会识别自己的想法，与你在第2章学过的内容类似。第二阶段，帮孩子理解想法的重要性。第三阶段，帮孩子学会像侦探一样分析证据，战胜焦虑型想法。后文会指导你如何跟孩子解释这些概念，并为你提供一些活动，以帮助孩子更好地理解。

为什么想法很重要

你需要简单地给孩子解释求实思维法的基础原理，参见本章开头的表述和本章末的儿童活动。当然，鉴于孩子的年龄，讲解需要尽可能简单明了。你还需要强调想法的重要性，要确保孩子知道，对于同一情景，他会存在多种思维方式，且他的想法会引发他产生不同的情绪。因此，如果能转换思维方式，就能改变自己的情绪体验。儿童活动 11 和 12 将帮助你讲解这些要点。

侦探思维法

前文提到过，有焦虑问题的孩子最常犯的错误就是高估遇到坏事或危险的概率。因此，需要学会对自己消极且焦虑的解读展开实事求是的评估，确定有多大可能是真实的或准确的，这能坚定自己的冷静型想法。用孩子的语言来说，就是化身一名侦探，找到线索，判断自己的焦虑型想法是否属实。

与你之前分析自己的消极想法的方式一样，孩子也需要学会找到消极想法的证据，并坚定冷静型想法。对此，你需要注意，不要只是简单地告诉孩子焦虑型想法很愚蠢或不可能发生，这样孩子很可能不会相信你，反而会让他更心烦；相反，你需要让孩子在搜集证据的过程中，逐渐意识到之前的解读并不会发生。

在使用这个方法时，孩子要做的事与侦探相同，都在查找证据和线索，以查求"真相"。为了让这个过程更有趣，可以让孩子（尤其是年幼的儿童）选择一个最喜欢的侦探角色或超级英雄（如哈利·波特、赫敏、丽莎·辛普森、史努比狗或蜘蛛侠）。请让孩子扮演自己最喜欢的侦探角色并进行思考。在孩子适应了这种模式后，就可以利用这个角色给孩子做提示。换句话说，当孩子开始感到焦虑时，只需提醒他试着像侦探一样思考。这个方法包含三个步骤。

第一步，让孩子找出焦虑的原因，识别自己的焦虑型想法，并提醒孩子区分想法和情绪。最好用一句话清晰地表述焦虑型想法，即孩子的预测。例如，"我害怕爸爸死于车祸"这种清晰的表述能帮孩子用好侦探思维法；相反，"我很害怕，因为爸爸不在这里"这类表述并没有指出孩子到底在害怕什么，因此很难实施。

第二步，让孩子尽可能多地收集与焦虑型想法有关的线索。孩子在这个环节要开始扮演侦探，探明自己对这件事真正了解多少，判断自己害怕的事是否真的会发生。找到以下几类证据很容易：

- 之前遇到这种情况时，发生了什么？
- 对于这个情形，我了解哪些信息？
- 还有什么可能性？
- 最可能发生什么？
- 其他人之前遇到这种情况时，发生了什么？

请注意，除非非常有必要，否则不要让孩子思考结果（即要是这件事真的发生了会怎样），儿童（尤其是幼儿）在思考这个问题时会遇到很多麻烦。要让孩子聚焦在证据上，这能让他明白自己害怕的事多半不会出现。

第三步，基于证据，让孩子重新评估焦虑型想法。要让孩子能够意识到，焦虑型想法不太可能发生，冷静型想法发生的概率更高。一定要记住，这是关于求实思维的训练，而不是积极思考的训练。这意味着，有时焦虑型想法是符合实际的，例如，一个怕黑的孩子在一条黑漆漆的小巷里，看到有人闯进一座房子。这时，有必要提醒孩子，在这个情景下感到害怕是非常正常的，也是有益的。教授孩子侦探思维法的目的，是当孩子过度恐惧且脱离现实时，帮他克服焦虑型想法，并用冷静型想法来面对，但这并不适用于所有的情况。

为帮助你给孩子解释侦探思维法的操作方式，接下来将讲解适用于孩子的说明。记得要和孩子一起完成本章末尾的儿童活动13。很少有孩子（和父母）可以迅速理解并运用侦探思维法，因此你需要有耐心，不断地提醒孩子，确保其进行大量练习。这些练习对你也很有帮助，许多父母对于这项技能的教授和练习多少会遇到困难。承认遇到困难并不可耻，不要害怕重读前文，也别对练习产生恐惧。

如何给孩子讲解侦探思维法

以下对话范例能为你指导孩子掌握侦探思维法提供参考。你既可以把以下内容读给孩子听，也可以用你自己的话讲给孩子听。

你现在已经知道，有些想法是没有帮助的，会让你既担心又害怕，还会导致错误的发生。不过，好在有方法可以帮你打败焦虑型想法。

第一步是去捕获它们。你之前已经练习过这部分内容了。不论什么时候，当你发现自己产生担心、害怕或紧张的情绪时，你都需要抓住那些让你产生这种感觉的焦虑型想法。然后，把它写到侦探思维法表格中"我在想什么"的位置处，也可以用焦虑量表记录下你的焦虑有多严重。

下一步，你要化身一名侦探，找到关于焦虑型想法的所有线索。侦探的工作就是寻找证据和线索，这样才能最终获得真相。这也是你需要去做的。你需要盯住焦虑型想法，然后问自己："我怎么能知道它是不是真的？"然后，你需要寻找线索来判断焦虑型想法是否属实。你可以问自己以下问题，以确保把所有证据都考虑进去（你可以在侦探思维法表格中给孩子指出来，也可以把这些问题写在卡片上，给孩子提示）。

- 你之前遇到这种情况时，发生了什么？你之前遇到过类似的情况吗？真的发生过什么坏事吗？每次遇到这种情况，都会有坏事发生吗？
- 关于这种处境，我了解哪些信息？这个处境真的很糟吗？你认识的朋友或其他人遇到过这样的事情吗？
- 对于这种情况，还有什么其他可能性？这件事有其他可能的解释吗？有其他可能的结果吗？

在你收集到了证据后，最后一步就是重新思考一遍，再看你之前的焦虑型想法是否已经动摇（基于证据）。此时，你可以问自己："基于我找到的证据，我之前的想法还会发生吗？我能换一种冷静平和的方式思考吗？"把你的冷静型想法写在侦探思维法表格的最后一行。最后，再问问自己："如果我坚信自己的冷静型想法属实，还会有多焦虑呢？"请用焦虑量表记录下此时焦虑的等级。

侦探思维法应用

在以下案例中，库尔特和母亲聊到大型犬是他害怕的事物之一，并填写了侦探思维法表格（见表3-2）。请和孩子一起阅读以下案例，并给他讲讲库尔特是如何与母亲记录表格的。你可以和孩子花几周时间做大量类似练习，帮助他真正学会使用侦探思维法。

案例

母亲：你想象一下，有一天你走在街上，一条大型犬向你跑来（她把"有一条大型犬向我跑来"写到了表3-2中"事件"那栏）。我知道你害怕大型犬，那么此时你脑海中会出现什么想法呢？

库尔特：如果真有一条大型犬跑来，那么我可能会害怕它咬我。

母亲：库尔特，你做得很好！你已经找到你的焦虑型想法了。让我们把它写在这里（在表3-2"想法"那栏写下"那条大型犬会来咬我，我却无法制止它"）。我们来看看焦虑量表，你能告诉我你觉得自己的焦虑程度到达几级了吗？

库尔特：我觉得可能到7级，不，到9级了。

母亲：好的，我们把等级写在这里。现在，我们要化身成侦探，去查找证据，判断这件事会不会发生。你能想到哪些证据呢？

库尔特：可以跑开，离它远远的。

母亲：当然，遇到这种情况，这的确是个办法。你能找到什么证据来证明它会咬你吗？例如，之前遇到大型犬朝你跑过来，当时发生了什么？

库尔特：有一次我在姨妈家，她的大黑狗杰克朝我跑过来。

母亲：它朝你跑过来后，发生了什么？

库尔特：没什么，它很友善。

母亲：很好！所以之前在姨妈家，她的大黑狗杰克跑向你，但并没什么坏事发生。听你说完，我觉得这是个很棒的证据。让我们写下来吧（在表3-3"证据"那栏写下"曾有一条大型犬跑向我，但它没咬我"）。它跑到你身边，你做了什么？

库尔特：我轻轻地拍了拍它。它的毛真脏。

母亲：哇！你好勇敢，还拍了拍它。真好！除了犬类可能会咬你，还有其他可能性吗？

库尔特：犬类也可能很友善，我可以轻轻地拍拍它。

母亲：是的。除了犬类想咬你之外，还有一种可能性是，它很友善，想让你拍拍它。你觉得这是个不错的证据吗？

库尔特：是的。

母亲：嗯，我也这么认为。你的侦探工作做得相当好啊！让我们把这个可能性也写在"证据"这里（在表3-2"证据"那栏继续写下"犬类很友善，想让我拍拍它"）。所有的犬类都很凶吗？还是大部分犬类都比较友善？

库尔特：大部分都很友善。

母亲：好的，我们又多了一条有用的证据（在表3-2"证据"那栏继续写下"大部分犬类都很友善"）。现在，我们来看看这些证据。你真的觉得它会来咬你吗？

库尔特：我猜不会。

母亲：不错！从我们想到的这些证据来看，犬类更有可能会表达友善，并不会有什么坏事发生。这个想法听上去应该归在冷静型一类，我们写在这里吧（在表3-2最后一栏写下"这条大型犬也许很友善，不会有坏事发生"）。

母亲：如果你认为那条大型犬会来咬你，你会有什么感觉？

库尔特：害怕。

母亲：如果你认为它是友善的，你又会是什么感觉？

库尔特：高兴。

母亲：那告诉我，按照焦虑量表，你现在的焦虑程度是几级？

库尔特：只有一点儿了，我觉得是3级。

母亲：做得真棒！我们可以看到，和那条大型犬有关的焦虑型想法会让你害怕，而冷静型想法会让你觉得在它旁边既开心又放松。

表 3-3　　　　　　　　　　　侦探思维法表格（库尔特）

事件 会发生什么	有一条大型犬向我跑来
想法 我是怎么想的	那条大型犬会来咬我，我却无法制止它 焦虑等级：9
证据	• 曾有一条大型犬跑向我，但它没咬我 • 犬类很友善，想让我拍拍它 • 大部分犬类都很友善
最贴近现实的想法	这条大型犬也许很友善，不会有坏事发生 焦虑等级：3

巩固侦探思维法

正如前文所说，经过大量练习后，孩子（或你）才能在焦虑情景中自如地运用侦探思维法。为帮助你找到针对不同类型想法的证据，可以借助下文列出的设问方式来帮你收集证据，还可以参考表 3-3 至表 3-8 的填写范例。这些问题能带给你启发，帮你通过不同方式引导孩子找出各种证据，更好地理解侦探思维法。

在本章末尾的儿童活动 13 和 14 中，孩子需要先练习将侦探思维法运用到程度较轻的焦虑问题上，之后再用到更严重的焦虑问题上。练习任务 2 要求孩子每天完成侦探思维法练习。你们需要持续不断地练习，直到孩子能在没有你的帮助下也能自信地运用这项技能。

侦探思维法的提问方式

下文列出了许多可能的问题，可以帮助孩子找到证据。请记住，侦探思维法表格最左边一栏里的问题只是提示，还有其他设问方式有助于证据的搜集。在某些情景中，有些问题并不合适（例如，孩子明明害怕父母去世，却还问他"如果这件事发生了，又能怎样"）。

需要强调的是，孩子没必要找到太多证据，或者在某次练习中把整张纸都填满。有时，能找到一个让自己坚信的证据就足以扭转焦虑情绪，关键在于孩子能意识到害怕的事可能并不会真的发生。这时，无论是证据充足还是只有一个关键发现，就都不重要了。

一些有用的提问

下文详细列出了可用的提问方式，孩子可通过这些提问应对不同类型的焦虑。

- 有什么证据可以证明这件事不会发生？
- 还有可能发生什么？
- 你是不是没有经过求证就直接跳到结论，认为这事会发生？
- 你的这些想法合情合理吗？
- 最好或最坏的结果会是什么？
- 如果发生了，你能妥善应对吗？
- 最有可能的结果是什么？
- 两周、一个月或者一年之后，会是什么情况？
- 别人会做出那样的反应，还有其他原因吗？
- 试着算一下，发生这件事的概率有多大？
- 之前发生了什么？
- 这属于你的责任吗？
- 你真的可以控制将要发生的事吗？
- 你是不是低估了自己应对这件事的能力？
- 是你一直太苛责自己了吗？
- 你曾试着去猜别人是怎么想的吗？
- 如果你有个朋友遇到这样的事，那么你会和他说什么？

侦探思维法表格参考范例

表 3-4 至表 3-8 是由第 1 章案例中的孩子们填写的。对孩子来说，帮别人思考对抗焦虑的证据并坚信这些证据会更容易。因此，可以和孩子一起阅读以下表格，让他了解其他孩子是如何使用侦探思维法的，也可以让他试着想想还能找到哪些证据。

表 3-4　　　　　　　　　　　侦探思维法表格（拉希）

事件 会发生什么	我正在等家人来接我放学
想法 我是怎么想的	妈妈出了车祸 焦虑等级：8
证据	• 妈妈只是晚了 10 分钟 • 她可能堵车了，或者没注意看时间，也可能是一直在跟人打电话 • 妈妈之前接我迟到过两次，但最后都来了 • 班里还剩很多同学，他们的家长不可能都死了
最贴近现实的想法	妈妈只是迟到了，她马上就会来的 焦虑等级：3
事件 会发生什么	我去外祖母家待一天
想法 我是怎么想的	要是妈妈生病了怎么办 焦虑等级：6
证据	• 我走的时候，妈妈看上去不像生病的样子 • 如果她真的生病了，那么和她在一起的朋友会帮她的 • 她现在可能正玩得开心呢 • 她生病的大多数情况都只是感冒或者肚子疼，没什么大碍 • 我去上学时，妈妈都能照顾好自己，为什么现在就不能呢
最贴近现实的想法	妈妈没有生病。即使她真的病了，她也能照顾好自己 焦虑等级：2

表 3-5　　　　　　　　　　　侦探思维法表格（库尔特）

事件 会发生什么	我刚去关了前门
想法 我是怎么想的	我的手很脏，如果我没洗手，就会生病 焦虑等级：9
证据	• 我的手看起来很干净 • 我活到现在关了很多次门，并没因此生病 • 我有抗体，可以应对病菌 • 我生病的前提是，必须有很多异常因素连续发生在我身上 • 许多人甚至根本不洗手，他们也没生病

续前表

最贴近现实的想法	如果染上病菌，多半也是可以应付的 焦虑等级：5
事件 会发生什么	我们周末要远行
想法 我是怎么想的	感觉可能会出岔子 焦虑等级：7
证据	• 这次周末出行计划得很充分 • 如果遇上没料到的事，也可能是好事，比如遇到赶集 • 如果车抛锚了，也可以修好再回家；最坏也不过是无聊一阵子
最贴近现实的想法	不太可能出岔子。即使发生了，也可以应对 焦虑等级：4

表 3-6　　　　　　　　　　侦探思维法表格（乔治）

事件 会发生什么	在课堂讨论环节，每个人都要发言
想法 我是怎么想的	我讲的东西会很蠢，还会被别人嘲笑 焦虑等级：7
证据	• 我读过了，我知道这个故事是什么 • 大部分人看上去显得心不在焉，他们甚至都不会听 • 如果他们笑了，可能是因为我很风趣 • 即使他们嘲笑我，三天后也会忘得一干二净 • 如果我一言不发，就会看上去更傻
最贴近现实的想法	我知道要讲什么，大部分人根本不会注意 焦虑等级：4
事件 会发生什么	在体育课上，我正在学一项新技能
想法 我是怎么想的	我看上去像个白痴，我做不到 焦虑等级：10
证据	• 每个人都在学习，只有几个人学会了 • 解决办法就是坚持练习，直到学会 • 对于新技能，通常只要做到就可以了，没必要追求完美
最贴近现实的想法	那就再试一试，这是学会的唯一方法 焦虑等级：5

表 3-7　　　　　　　　　　　　侦探思维法表格（杰斯）

事件 会发生什么	我正在做数学作业，卡在了第二道题上
想法 我是怎么想的	我必须得做出这道题，否则就麻烦了 **焦虑等级：9**
证据	• 我只需要试着去解答，没必要一定得做对 • 我答出了第一道题，第二道题与之类似，我只需要耐心 • 即使我真的做不出来，也不会有什么麻烦，我可能只是需要在课后寻求一些帮助
最贴近现实的想法	我只要尽力就好了 **焦虑等级：4**
事件 会发生什么	我和班上新来的女生说了话
想法 我是怎么想的	我的朋友不会想再跟我玩了 **焦虑等级：6**
证据	• 我这个举动很有礼貌 • 她人很好，朋友应该也会喜欢她的 • 他们可能都不知道我和她说了话 • 有时，哪怕我跟他们不喜欢的人说话，他们也还是会跟我玩的 • 我记得他们上学期也和新来的同学说话了，但我还是会跟他们玩
最贴近现实的想法	他们不会介意的，也许还会有兴趣见见她 **焦虑等级：1**

表 3-8　　　　　　　　　　　　侦探思维法表格（塔利亚）

事件 会发生什么	我被邀请参加一个泳池派对
想法 我是怎么想的	我不会游泳，我不想去了 **焦虑等级：6**

续前表

证据	• 并非所有派对活动都要下水 • 我还可以享受其他活动 • 即使我身体不适或是不会游泳，我也可以参加 • 并不是所有人都喜欢游泳 • 如果有人问起来，我就说我的身体不允许我下水（直到我学会游泳，但没必要让他们知道）
最贴近现实的想法	我可以去参加派对，可以参与其他活动 焦虑等级：1

写在最后的重要评注

学习这些技能时，不必过于追求完美。我们的目标是让孩子通过学会实事求是的思考方式来取代焦虑型想法。实际思考的内容没那么重要，每个孩子的思考内容都存在差异。一些孩子（尤其是幼儿）可能还无法做到采用上文提议的方式来搜集证据，但通过练习整理冷静型和切合实际的想法，依然可以在思考时变得沉稳。对于那些在学习搜集证据上真的存在困难的孩子（如具象思考偏好者），简单地学会识别焦虑型想法，然后试着提出一个冷静型想法，也能帮助他们缓解焦虑。如果孩子确实难以理解侦探思维法，可以回溯上一章的儿童活动9，也可以找到本章的自我对话活动。这些活动能让孩子明白，对于同一件事，同一个人或不同人之间存在不同的想法。然后让孩子在每次感到害怕和担心时，找到或提出与之对应的冷静型想法。把超级英雄当作提示，这个方法可以事半功倍，例如，"如果丽莎·辛普森的妈妈接她放学时去晚了，丽莎会怎么想呢？"显然，尽管孩子能进行侦探思维法的完整流程会更好，但对一些孩子来说，只是学会找到冷静型想法就能减轻恐惧。

最后要记住，侦探思维法不是克服焦虑的唯一技巧。如果孩子（在认真地尝试后）真的无法学会，那么还可以继续学习后续章节的技能。例如，可以让孩子学习放松法，让他在焦虑时用放松法替代侦探思维法。

和孩子一起完成的活动

| 儿童活动 11：为什么想法很重要 |

向孩子解释，每个情景都是由事件、想法、情绪和行为组成的。需要强调，对同一个情景，不同人会产生不同想法，进而会导致不同的情绪和行为。可借助儿童训练手册中活动 11 的图或类似方法讲解这个要点。

你需要指出，通过转变想法可以改变情绪，因为想法是最先出现的。你还需要强调，有时人们会产生冷静型想法，这类想法会让人们感到愉悦，同时为人们指引正确的方向；有时则会产生焦虑型想法，这类想法会让人们感觉糟糕，也会误导人们。

再与孩子共同阅读手册中活动 11 的萨姆和蒂姆的故事，让孩子辨别谁持有的想法更有益并解释原因。

| 儿童活动 12：自我对话 |

这个活动旨在帮助孩子更好地理解，对于同一种情景，同一个人可以有不同的思考方式，且不同的想法会引发不同的情绪和行为。请找一些照片或卡通图片，这些场景和儿童相关，可以是靠近一条大型犬、和新来的孩子见面、发表演讲、在家里等人等（儿童训练手册活动 12 中也提供了一些卡通图片），这些图片所表示的情景意义模糊。请让孩子根据这些图片，写下图片中的孩子可能会有哪两种不同的想法，并鼓励孩子区分冷静型想法和焦虑型想法。

然后，使用其后提供的想法、情绪和行为表格，针对不同情景，填写相对应的冷静型想法和焦虑型想法。针对每个情景，让孩子说出想法会如何改变情绪，以及打算怎么做。

儿童活动 13：侦探思维法

关于如何教授孩子侦探思维法，请牢记之前的讲解。先向孩子解释，容易焦虑的小孩经常认为坏事很容易发生，或是坏事一旦发生就是灾难。然后再向孩子解释，缓解焦虑的方法之一是判断焦虑型想法的真假，可以通过寻找焦虑型想法的"线索"来实现。

运用侦探思维法需要遵循以下步骤：

- 写下事件和想法，并用焦虑量表评估焦虑程度；
- 向自己提问（参见表3-2"证据"栏），并找到证据；
- 列出在这个情景下可能会发生的事；
- 根据线索找出符合实际的想法，并评估坚信新想法时的焦虑程度。

请与孩子一起读一到两个前文给出的范例，并找两个简单的范例来帮助孩子找到证据，提出切合实际的想法（例如，与"一条大型犬向我跑来"这个情景对应的想法是"它会咬我，我却无法制止它"。又如，与"外面有奇怪的声音"对应的想法是"有个小偷企图闯进来"），这样能让孩子更好地理解如何使用侦探思维法。

儿童活动 14：运用侦探思维法解决较为严重的焦虑问题

孩子应该在这项活动开始前，已经持续两周练习应对较轻的焦虑了。在孩子理解这个方法的流程后，就可以让他就自己严重的焦虑问题填写侦探思维法表格，并要求孩子在填写时至少写出两种情景。请使用前文的那些提问，帮助孩子找到与情景相对应的最佳证据。如果孩子遇到问题，那么可以先让他"教"你如何处理你的焦虑问题。让孩子先问你问题，帮你找出与这个焦虑问题有关的证据，然后再帮你想出符合实际情况的冷静型想法。如果情景与自己无关，练习通常会更简单。

特别需要注意的是，对于严重的焦虑问题，应该鼓励孩子找到大量证据。找到的证据越多，孩子就越有可能发现符合实际情况的想法，并进一步说服自己。

儿童练习任务 2：侦探思维法

侦探思维法不是一项简单易学的技能，关键在于练习，且它会贯穿于整个项目的后续部分。每当孩子感到紧张、害羞、担忧或害怕时，就让他填写侦探思维法表格。孩子练习得越多，掌握得越熟练，就越有可能在真正感到焦虑时运用侦探思维法。在最开始时，或许你需要经常介入，为孩子提供大量帮助。随着孩子能力越来越强，你提供的帮助也应该越来越少。年龄较大的孩子可能只需几天就能学会这些技能，但幼儿可能需要长达几周的帮助。你需要记住，这不是一场竞速赛，每个孩子都需要一定时间来掌握这项技能。

每天下午或傍晚，你应该和孩子坐下来，回顾当天发生的事，重温他把侦探思维法运用到糟糕经历或焦虑问题上的过程；或者，在事件发生当下过一遍流程，这也是一种好习惯。关键在于，孩子能够在令他害怕的情景中使用侦探思维法。只要注意到孩子开始紧张了，就可以提醒孩子使用这项技能。起初，你需要按步骤提醒，帮助孩子遵循具体步骤，用好提问方式。显然，这意味着你自己也需要牢记步骤和证据收集的提问方式。随着孩子逐渐掌握了这项技能，你的提醒也可以简化（如"侦探会怎样思考呢"）。

本章重点

在本章中，你和孩子学到了：

- 在任何一种情景中，对于发生的事，同一人也可能会产生多种想法；
- 不同的想法可能会引发不同的情绪（如心态平和或焦虑）；
- 焦虑型想法往往不切实际，但通过化身一名侦探就可以发现证据，并找到更加符合实际的想法；
- 求实思维法又被称为侦探思维法，包括以下步骤：
  - 识别脑海中的焦虑型想法；
  - 用提问的方式找到证据，证明焦虑型想法有误；
  - 使用这些证据，生成冷静型想法；

– 冷静型想法可以缓解焦虑。

孩子需要完成以下任务：

- 在父母或其他成年人的帮助下完成儿童活动；
- 尽可能多地练习侦探思维法，练得越多越熟练。需要保证每天至少练习一次。需要至少在接下来的两到三周持续使用侦探思维法，填写表格。要知道，你实际所需的时间也可能更久。

第 4 章

应对孩子焦虑问题的误区和良方

当前的策略

父母在处理孩子的焦虑问题时，可采取的方式多种多样。一些常见的策略包括：安抚孩子（如不断告诉孩子"一切都会好起来的"）；直接告诉孩子应对的做法；悉心讨论导致焦虑和害怕的原因，与孩子共情；严格要求孩子不许出现回避行为；将孩子带离令其害怕的场合；允许孩子回避；鼓励孩子自主决定如何应对焦虑；忽视孩子的焦虑问题；对孩子气急败坏。你或许会发现自己不时采用过其中的某些策略，成功率不尽相同。一般情况下，有些策略能有效调控孩子的焦虑，有些则无效。后续还会详细讲解每种策略。

| 父母活动 6：我现在使用的策略 |

表 4–1 是父母在应对孩子焦虑时的常用策略。反思你的教养策略，并分析每种策略的有效性和成功率。

表 4–1　　　　　　　　父母在应对孩子焦虑时的常用策略

策略	有效性和成功率
给予安抚	
直接告诉孩子做法	
共情	
态度严厉	
允许孩子回避	
鼓励孩子独立	
忽视	
丧失耐心	

你可能会怀疑我们是在质疑你的教养方式，请放心，并非如此！表格中的这些策略来自之前参与过本项目的父母，它的目的并不是用来评测你是个多么"优秀"的父母，而是想告诉你，很多父母都会面临相似的困扰，也会采用类似的应对方式。

孩子有焦虑问题，父母真的很难当。可以肯定的是，很多时候，你看着孩子的焦虑问题却感到无从下手、无话可说、无计可施。当陷入这样的情况或问题中时，人们很难做到客观。

教养方式并没有对错之分，因为每个孩子和家庭都不一样。不过，的确有一些做法可以缓解长期困扰孩子的焦虑问题。反过来，父母和孩子有时也会陷入解决焦虑问题的误区。希望本章能帮助你站在更客观的角度，思考你当前用来应对孩子焦虑问题的策略。通过细致考量这些策略的优劣，你能够明智地判定它们是否有助于孩子，以及是否长期有效。

应对孩子焦虑问题的无效策略

虽然没有完全错误的教养策略，但有些应对策略是无效的，是一种误区，它们不仅无法解决孩子的焦虑，反而可能助长焦虑。

过度抚慰孩子

根据父母报告，对焦虑的孩子使用这个策略是司空见惯的。父母抚慰孩子的行为包括：身体上的抚慰、亲近孩子、告诉孩子"一切都会好起来的"或"没什么好害怕的"。这些都是不错的策略，如果你觉得有效，可以继续合理使用；但当你发现自己必须不停安慰孩子时，就该敲响警钟了。在孩子受伤时关爱孩子，给予他抚慰和安全感，让他安心，都是教养过程中的重要环节。事实上，如果孩子缺少抚慰，那情况也会很糟糕，可能会导致孩子缺乏安全感，感到孤立无援。然而，性格原因让有焦虑问题的孩子常常无法自立，相比同龄人，他们想要得到的抚慰太多了，这时候就很容易形成恶性循环。

抚慰是父母在面对孩子情绪低落时的自然反应。不幸的是，对于有焦虑问题的儿童，抚慰就像和尚买梳子——无用。即使抚慰在短期内可以舒缓孩子的焦虑，但从长期来看，父母给予的抚慰越多，孩子的需求也会越多。

思考给予孩子关注和抚慰的时机很重要。当孩子真的受伤或因险些遇到危险而受到惊吓时，可以给予他关爱和关注，但不能过度。比如，过马路时，一辆车在孩子面前急刹车，孩子受到了惊吓，这时候不应该给孩子过多拥抱和亲吻。在孩子极度恐惧时，拥抱和亲吻只是在告诉他"这件事太可怕了，真让人忧心"。比如，你晚上要出门，保姆刚到，孩子就开始号啕大哭，你又赶紧折回来给孩子很多拥抱和亲吻，这只是在告诉孩子"这种情况糟糕极了"。

抚慰对孩子来说是一种积极关注，只要孩子一焦虑就抚慰他，其实是在强化焦虑。有时候，这种举动会让孩子认为"焦虑值得拥有"，也是在告诉孩子"你不能独自应对困难，需要靠父母解决"。因此，你可能会发现，相比不易焦虑的孩子，在面对焦虑的孩子时，其实更需要抑制前去抚慰的冲动。这样，有焦虑问题的孩子才能被迫学会独立完成任务。

当孩子向你求助或索取抚慰时，应该怎么做呢？最佳策略就是教会孩子自己找到解决方法，而不是总指望你替他完成。有两类常用做法：第一类做法会在本章详细说明（详见"应对孩子焦虑问题的有效策略"）；第二类做法是鼓励孩子使用侦探思维法。也就是说，不要只是简单地抚慰孩子（如"别担心，一切都会好起来的"），更好的方式是让孩子运用侦探思维法自己解决焦虑问题。

在处理孩子焦虑问题时，如果寻求抚慰已成为他的习惯，就需要逐渐减少这种行为。例如，如果你决定鼓励孩子使用侦探思维法，而不是向你求助，那么你需要先花些时间和孩子练习几次侦探思维法。在此之后，逐渐放手，让孩子渐渐独立使用这项技能，直到孩子再来向你寻求抚慰时，你可以只是简单地告诉他，让他自己用侦探思维法解决那个问题。

如果你准备开始减少抚慰，摆脱原来"他要你就给"的状态，就有必要让孩子事先知道你的安排。如果没有解释就突然转变，那么孩子可能会感到受伤、失宠和害怕。哪怕孩子很小，也应该清楚地说明你会有什么改变，以及为什么改变。还有一个好办法，就是在孩子自己成功解决某个问题时引入奖励机制（当然还有许多口头表扬）。最后一点且绝对必要的是，你和孩子生活中的其他成年人必须坚持不懈。无论多困难，在不适宜的情况下，都不要屈从孩子对抚慰的诉求。别去跟孩子一直争论；相反，只需清楚并镇定地告诉他，你相信他知道解决方法，你也不会再讨论这件事了。然后，孩子再怎么寻求抚慰，都不予理睬。如果孩子靠自己解决了问题（例如，没再寻求抚慰），也别忘了给予奖励和表扬。

下文是库尔特的案例，这个过程需要家长的坚定，不对孩子寻求抚慰的行为服软。孩子需要认识到"坚持就是胜利"的道理，作为家长，你需要帮助孩子持之以恒，坚持执行计划。

案例

每次外出，库尔特都会缠着父母不停地问问题，比如："接下来会发生什么？""谁在那儿？""需要带什么东西？""需要穿成什么样？"父母尝试了各种方法想让他放松，别再喋喋不休。然而，最终还是得回答他的提问，直到失去耐心，怒斥他。有一天，母亲终于意识到，是时候用其他方法解决这个问题了（父亲对这个项目没太大兴趣）。

一开始，母亲和库尔特安静地坐下，讨论了这个问题。母亲告诉他，她很喜欢他的日常提问和好奇心，但当他焦虑时，就变得太唠叨了。她还解释说，她知道库尔特很聪明，现在已经到了能自我答疑的年纪了。她提出，下次如果库尔特开始焦虑并提出太多问题，她会帮助他使用侦探思维法找到答案。母亲还说，她和父亲不会再去理睬库尔特任何有关焦虑的提问。然而，如果库尔特能自己使用侦探思维法，不再缠着他们追问任何与焦虑有关的问题，他们就会非常乐于跟他说话。

一周后，库尔特一家被邀请到朋友家吃饭。时间将近，库尔特开始追问了。他特别担心是否有自己认识的人，还担心其他孩子会不喜欢他。他刚一开口，母亲就和他坐下，一起运用了侦探思维法。她鼓励库尔特回想这些问题："之前我们是不是也经常去朋友家做客，认识了新朋友？其他孩子是不是都觉得你很讨人喜欢？你当时觉得那些孩子怎么样（基于之前的经历）？"在库尔特认清事实后，母亲表扬了他，便继续忙她的事去了。库尔特又去追问母亲类似问题，母亲就告诉他："你是知道的，我们刚才已经讨论过了，也用了侦探思维法。你已经知道答案了，不用我再告诉你了。如果你还来问我，那么我也不会再回答你了，但我很乐意陪你聊聊其他你想聊的话题。"后来，库尔特又问了一次，母亲直接忽视了他的发问。又过了10分钟，库尔特没再追问了，母亲说："库尔特，你有没有意识到，你已经有10分钟都没问我有关今天外出的问题了。你现在多勇敢啊！我真为你骄傲！再接再厉！"库尔特那天再也没提出类似问题。做客回来后，父母允许他晚睡了一会儿，看了一部他早就想看的电影。

在孩子试图做某事时过多介入和主导

当孩子特别焦虑时，有的父母会占据主导权，向孩子发号施令。换句话说，他们会告诉孩子，在焦虑时要做什么、如何做，以及该说些什么，或是直接替孩子完成。下面是乔治的例子。

案例

只要是有其他孩子也在场的社交场合，乔治就会变得非常焦虑。有一次，乔治和父亲去参加小堂弟的生日派对，他几乎全程躲在父亲身后，不愿到孩子们中间。期间来了个小丑，给大家发糖果。父亲知道乔治喜欢糖果，但乔治没有上前主动去要，因为他太害羞了。于是，父亲就走到小丑身边，帮乔治要了些糖果。乔治的脸红到了耳根，但还是非常高兴。

有时，父母全权出手帮助焦虑的孩子，是所谓"恶性循环"的绝佳例证。通常，父母只有在反复观察到孩子对焦虑问题无能为力后，才会采取这种策略。大多数父母并不会出于天生的权威感，直接告诉孩子如何面对焦虑。父母之所以代劳，是因为看到孩子被恐惧困扰，非常感同身受。简单来说，父母的介入缓解了孩子的恐惧，满足了孩子的期许。然而，仔细想想，这种依赖父母主导的行为其实是一种回避行为。在上述案例中，乔治会认为自己没有能力独自应对让自己害怕的情景，只能依靠父亲的帮助。长期下来，父母的这种行为会让乔治的自信心继续溃败，助推他的焦虑。

如果你就是这样的父母，那么即使这个建议会让你感到非常痛苦，也不要过多为孩子代劳，因为在被容许犯错的情况下，孩子往往学得更好。另外，孩子只有在被迫面对焦虑的情景后，才能意识到这其实并不危险，后续章节将详细地探讨这个原理。现在你需要做的是，简单地反思你是否有时会过多地介入孩子的活动，或者是否总是为他代劳。

那么，介入多少算是"过多"呢？抱歉，这个问题没有简单的答案，并不存在一种量化介入程度的方法。当然，每位父母、孩子及其面对的情景都不尽相同。你需要扪心自问："与其他父母相比，我替孩子做的事是否太多了？孩子的独立性是否比同龄人差？"你可能需要回想具体的事例并问自己："我什么时候觉得孩子无助，觉得我必须介入？"然后，再和其他父母聊一聊，询问他们或他们的孩子遇到那样的情况会怎么做。最后，你要再问问自己："我真的需要介入吗？如果我不介入，那么最坏的情况是什么？"正如前文所说，教养有焦虑问题的孩子，相比不易焦虑的孩子，你更需要控制自己给予他帮助。

允许孩子回避在其年龄阶段本可以完成的任务

有焦虑问题的孩子经常想要回避许多事物，父母要想一直督促孩子直面恐惧真的是件难事。因此，你有时可能会屈服，允许孩子回避。如果这种情况只是偶尔发生，那么情有可原。显然，你这么做能帮孩子缓解短期内的焦虑和痛苦，允许孩子摆脱不想做的事，也会让孩子更喜欢你。然而，如果允许孩子回避变成一种习惯，就只会造成长期性的严重后果。只要孩子回避，就永远无法战胜焦虑。目前，先知道这点就好，暂且不用处理回避行为，我们在第 5 章再探讨如何处理孩子的回避行为。

案例

每当杰斯必须参加不熟悉的活动时，她都备感焦虑，她的父母也知道，学校运动会或同表兄妹一起参加的家庭出游等活动都会让她几夜难眠、哭闹连天。这种情况已经持续很久了，在别无选择的情况下，杰斯也会出席这些活动，但父母经常让她待在家，或者会在孩子情况比较糟糕的时候婉拒邀约。过去的两年，杰斯没有参加过运动会。去年的圣诞节，杰斯一家都没有参加家族圣诞聚会，因为聚会地点是姑妈家，而不是像前几年那样在祖父母家。有时，直到一家人开车上路后，父母才会告诉杰斯要去做什么（如看牙医），试图以此来解决这个问题。然而，这常常于事无补，当杰斯惊恐万分时，他们只得返程。

杰斯知道，她没必要参加让她焦虑的活动，所以她现在只会对父母说"我就知道我做不到"。结果，她错过了很多有趣的活动，也错过了许多必要的教育和健康项目。

对孩子失去耐心

很遗憾，很多父母都告诉我们，他们在面对有焦虑问题的孩子时都太容易失去耐心，并感到挫败。父母的所作所为似乎毫无功效，有时甚至好像是孩子故意往焦虑情绪里钻。他们常常认为："如果孩子真的努力尝试了，那么他其实可以做到。"尽管偶尔失去耐心可以理解，但对孩子气急败坏显然只会让他更害怕并且更依赖你。如果你觉得自己快要失去耐心了，那么最好先找别人（如伴侣）帮忙，或是暂时离开，让自己变得理智一些。此外，随时提醒自己反思当下对孩子的所作所为，有时也会有作用。试想一下，你在被迫面对恐惧时会怎样（例如，走进一家骑行俱乐部，让他们降低音乐音量），或许就能理解孩子必须面对的困难。

案例

拉希的父亲周五下午接拉希去他那儿过夜。趁拉希不在家，母亲计划和好朋友出去看个电影，她已经有一年半没去过电影院了，所以特别期待。拉希一整周都在为去父亲那儿忧心忡忡。她认为自己不在时母亲会遭遇严重的车祸，会因为没人打电话求救而遇难。母女俩就这个问题讨论了很久，最后她们商定，母亲在看完电影后会打电话给拉希道晚安。

周五上学前，拉希使劲地拽住母亲的脚，不许她去收拾晚上要带的包。母亲不想把事情搞砸，所以尽管无奈地吼了几次，最终还是把拉希送到了学校，然后回家再继续收拾包。等到下午父亲来接拉希时，她变得狂躁不安，缠着母亲，在院子前又哭又叫。母亲大发雷霆，扇了拉希两巴掌，把她推进车里，让父亲尽快开走。

母亲的心情很糟，她知道拉希很害怕，但她受够了。她并没有好好享受电影，后来给拉希打了电话。尽管拉希在父亲那儿待得还不错，但她还是选择把拉希接回家。然后又花了更多时间，就发脾气这件事给女儿道歉。

父母活动 7：分析无效策略

为帮助你意识到自己落入了哪些"陷阱"，请填写表 4-2。想想你会在什么时候使用这个策略（即孩子的哪种焦虑会激发你使用这个策略）？这个策略有什么缺点（即孩子从你的行为中"学"到了什么）？

表 4-2　　　　　　　　　　分析无效策略

策略	你会在什么时候使用这个策略	缺点
过度抚慰		
在孩子试图做某事时过多介入和主导		
允许孩子回避在其年龄阶段本可以完成的任务		
对孩子失去耐心		

应对孩子焦虑问题的有效策略

应对孩子的恐惧，并非有某种统一方式，每个人都有各自的行事风格。要想帮助孩子认识到"没有坏事会发生"和"我能应对"，父母可以采取多种方法。以下将介绍一些有效策略，它们是应对孩子焦虑问题的良方。

对孩子的勇气和非焦虑行为给予奖励

所有孩子——无论焦虑程度如何——在某些特定情景下都会遇到令他们害怕的事物。父母要看到孩子每一次表现出来的勇气，哪怕很不起眼，也要给予褒奖。这样，孩子才更有可能继续做出勇敢的行为。就像煽动星星之火，让它慢慢燃烧得猛烈起来。首先，要找到孩子任何一个表现勇敢的行为，悉心"养护"。然后，随着孩子的焦虑逐渐缓解，可以只奖励突出的勇敢行为。确保别把期望定得太高，要记住，对你来说简单的事在容易焦虑的孩子看来可能异常困难。在关注孩子的勇敢行为时，务必把勇敢的标准放置在孩子个人的性格特征上衡量，而不是依照他人的标准。每次看到孩子取得成就时都要给予奖励，这能帮助孩子树立自信心，让他意识到自己的能力。

除了关注自然发生的勇敢行为，有时也要鼓励孩子完成那些稍有挑战性的任务，而且同样需要给予奖励。

奖励可分为两种：物质奖励和非物质奖励。物质奖励是多数人马上就能想到的，包括金钱、食物、贴纸或玩具；非物质奖励包括父母的赞扬、关注和兴趣。父母的关注是一种非常有力的奖励方式，大多数孩子（尤其是幼儿）会做任何事来赢得父母的认可和表扬。花更多的时间陪伴孩子（如玩游戏或骑自行车）是奖励勇敢与非焦虑行为的良方。建议尽可能使用非物质奖励，因为它还能帮孩子获得安全感，提高自尊水平。

奖励的多元化也很重要，如果奖励一成不变，很快就会失灵。给予奖励时，要记住以下几点。

- 奖励必须对孩子有意义，即奖励的东西是孩子喜欢的。要想确保孩子能为获得奖励而努力，最简单的方法就是和孩子讨论，找到他目前最想要的东西。
- 和孩子讨论他得怎么做才能获得奖励，如果孩子认为奖励可以无缘无故得到，那就是毫无意义的。重要的是，孩子要明确知道自己为什么获得奖励，以及如何才能再次获得奖励。表扬的内容应当具体而明确，要让孩子清楚地知道他刚刚做了什么事令你欣喜，让他明白你希望他将来也这么做。例如，与其说"大卫，你今天是个好孩子"，不如说"大卫，今天早上，你只需要琼斯太太送你上学就够了，不用我陪你一起去。你做到了，我真为你骄傲"。

- 奖励必须与行为一致，需要确保奖励的大小与任务的难易相称。例如，如果孩子怕狗，从没靠近过邻居家的狗，刚才却和这条狗相处了半小时，那么只是奖励他一张小贴纸或只是多陪他两分钟，明显是不公平的；相反，如果孩子只是完成了难度不高的任务，你就奖励他一台新电视，那你就是断了自己的后路。

- 最重要的是，奖励孩子的勇敢行为要尽可能及时，并且说到做到。言行一致对教养行为的有效性至关重要，如果孩子发现父母言而无信，那么他很快就会不再相信父母。此外，如果奖励行为与孩子完成任务间隔的时间太久，那么奖励也会失效。如果孩子在周一做了勇敢的事，但你等到周六才给孩子小小的奖励，奖励的功效就会消失殆尽。为把奖励的作用发挥到最大，需要及时给予。这就是相比买礼物，多花时间关注孩子、陪伴孩子效果会更好的原因。当然，及时奖励在某些情况下不切实际，例如，你决定把"一起去滑雪"当作奖励，这显然不可能马上实现，可能需要等到周末。在这种情况下，给孩子一些临时性奖励也是有效的。比如，可以给孩子一些奖券，并向他解释清楚如何才能赢得奖券，以及可以在周末用奖券兑换滑雪之旅。如果奖励不能马上兑现，那么至少要立刻关注，并肯定孩子的勇敢行为。同时还要和孩子说清楚，之后还可以因为展现了勇气而获得奖励。

- 如果你有多个子女，那么你可能会发现他们会有些不满，因为焦虑的孩子得到了额外的关注和奖励。为家中所有孩子引入奖励机制能解决这个问题。可以用图表来记录，每个孩子都可以赢得奖励，只是任务可能不同。这样，就可以根据需要，鼓励所有的孩子都去勇敢地尝试，也可以利用奖励来帮其他孩子养成良好的习惯（如服从家规、刷牙、整理房间等）。如果是年龄较大（心智成熟）的哥哥姐姐，那么可以向他们解释，弟弟或妹妹正在花额外的精力去克服其恐惧问题，因为在恐惧时人们通常不愿去做那些事，因此会得到额外奖励。如果他们也想获得奖励，就必须完成同等难度的或更具挑战性的事（如每天多练习半小时乐器，或多花半小时练习键盘盲打）。

让孩子理解奖励

奖励是教养实践的重要组成部分，同时也要让孩子理解奖励和自我奖励。尽管大多数孩子都可以毫不费力地说出期望获得的奖励，但他们通常只将奖励视为大大小小的物品，而看不到奖励可能会有更多类型。这里有两个目标：第一，了解孩子希望获得的奖励（切记，奖励必须对孩子有意义，而非对你有意义）；第二，对于孩子付出的努力，让他进行自我奖励。在本章的儿童活动部分，孩子将学会区分不同奖励，以及进行自我奖励。

忽视问题行为

这与上一个策略一致，你需要淡化对孩子焦虑行为的关注，在孩子停止焦虑时再去积极回应（和表扬）。当你注意到孩子的问题行为（如上学前不停抱怨不舒服）时，只要他继续当前行为（抱怨），就停止所有互动。当然，你必须让孩子理解你为什么不理他，要让他知道需要怎么做才能重获关注。每次表扬完孩子后（如已经有一分钟没抱怨了），请立刻解释这么做的原因及期望。针对寻求抚慰行为的孩子，忽视尤为有效。不过，使用这个策略时需要小心谨慎，你只能用它应对孩子的特定焦虑行为。重要的是，你要让孩子理解，你只是不认可这种焦虑行为，而不是在否定他。另外，正如前文所说，应对孩子寻求抚慰的行为，重要的是循序渐进地、系统化地转移对这个行为的关注，以及鼓励孩子适时地、独立地使用策略（如侦探思维法）来应对问题。

案例

尽管库尔特之前从未忘记过喂狗，每天都会把狗领到屋外并在狗碗里装满水，但他每天在上学路上还是习惯性地问父亲自己是否做了这些事。父亲和库尔特达成协议，他不会再回答这些问题，如果库尔特再问，他就只会跟着电台哼唱，不予应答。他提醒库尔特，其实库尔特完全有能力想起这些事是否已完成，并帮助库尔特找出证据。第二天，库尔特又问了这些问题，父亲说："我不会再回答这些问题了，请你试着自己找到证据。"然后他打开电台开始唱歌。库尔特很生气，有一天早上甚至非常抓狂，但一周后，他就不再问这些问题，也很快不再担心了。

鼓励孩子积极应对

跟孩子讨论让他焦虑的事物时，要用冷静且放松的态度表达你的共情和理解，这点很重要。孩子需要感到被倾听、理解和支持，也要在你的鼓励下积极主动地解决焦虑问题，而不是困在消极情绪中。本章后文介绍的问题解决策略，可用于应对焦虑。

采用这个策略的父母通常会鼓励孩子独立思考如何才能积极有效地应对焦虑，这与直接告诉孩子在焦虑时该做什么是不同的。

案例

必须参加辩论让乔治十分焦虑。他心神不宁，总是想着可能出现的最坏结果，并且确信自己的发言会搞砸，会让自己显得像个大傻瓜，同时不停抱怨头疼和胃疼。

母亲坐下来对他说："乔治，我能理解你很担心那场辩论。但事实是你必须为了那门课参加辩论，但你现在这个样子并不会带来什么帮助。你有太多消极预期，这只会让你觉得更糟糕。另外，你说你不舒服，但你目前这种做法难道会让你感觉好起来吗？"乔治同意这些说法，于是母亲接着说："好，那你可以做些什么来让情况发生好转呢？也就是说，你能做些什么让自己好受一些吗？"乔治给出的答案是，要是小组辩论那天他不用去学校就会让他好受一些。母亲又指出，要是那样，老师多半会推迟他们小组的辩论，直到他返回学校。还说等乔治上高中了，就必须得完成更多公开演讲任务，如果他躲开了这次，下次可能会来得更凶。乔治意识到了其中的逻辑，尤其是第一点，于是提议，如果母亲能陪他一起练习发言，或许他会感觉好一些。母亲表扬了乔治，说他能够积极主动地想出解决焦虑的方法，并答应陪他练习。

在这个案例中，母亲鼓励乔治自己想出解决思路，没有鼓励孩子依赖她，也没有直接介入；相反，她鼓励乔治积极主动地对调控焦虑负责，同时也坚决不允许他回避这次辩论活动。

这个策略中重要的一点是，父母应鼓励孩子用侦探思维法评估消极的、焦虑性想法是否属实，鼓励孩子自主决定如何积极有效地应对焦虑。这个策略之所以有效，并且效果持久，是因为让孩子知道了你对他的能力充满信心。你会惊喜地发现，为了达到父母的期望，孩子总有不断进步的动力。如果你相信他能克服挑战并解决问题，那么孩子多半也会如此坚信。

示范勇气和非焦虑行为

孩子在年幼时，善于通过观察别人来学习行为规范，尤其是向父母学习。因此，身为父母，你的言行很重要，因为你正在给孩子做示范。你认为孩子在焦虑方面和哪个家庭成员最像？是沉稳放松的那位，还是有些紧张焦虑的那位？在这个问题上，有焦虑问题的孩子自然更可能跟同样也被恐惧困扰的父母脱不开关系。因此，父母要先反思自己的恐惧和担忧，才能真正帮助孩子应对焦虑。

起最佳示范作用的类型是"解题型榜样"，这种类型的人既能表达恐惧和担忧，又能让别人看到他如何积极主动地应对困难。相比那些看上去似乎一切顺遂的人，前者的示范作用更大。因此，如果你是这种类型的人，那么最好别在孩子面前掩饰你的恐惧，假装你从来不害怕；相反，在你调控恐惧和担忧情绪时，要把它当成一种联合性活动，即你和孩子可以一起完成的任务。

只要你和孩子开诚布公地聊聊自己的恐惧，就能成为孩子模仿或练习的榜样。例如，可以要求孩子帮助你使用侦探思维法（孩子应该都会喜欢做这件事），这可以让他们真正理解如何实事求是地思考。之后，我们会介绍阶梯法（见第 5 章），你和孩子可以使用各自的阶梯法方案，让焦虑调控变得更有趣。例如，孩子可以帮助你使用阶梯法，妥善应对恐惧，由此也会更好地理解如何克服恐惧。或者，你们可以比赛，看看谁可以先完成阶梯法任务。

当然，对于某些家庭而言，不仅孩子正被焦虑困扰，父母也有严重的焦虑问题。如果你认为自己有焦虑问题，并且自助处理难度系数太高，那么最好先求助心理健康方面的专业人士，才能在应对焦虑的过程中给孩子做好示范。

案例

塔利亚准备处理害怕下水的问题。有一天，碰巧祖母来家里，她发现祖母也害怕下水，也从没学过游泳。祖母说，她因为不会游泳，错失了很多生活乐趣。

于是，她们决定一起直面对水的恐惧，一起学习游泳。她们为彼此预约了游泳课程，并达成协议：在圣诞前夕一起游泳时，两人都要游 25 米。虽然塔利亚和祖母不住在一起，但会通过电话让对方了解自己的最新进展。塔利亚相信，如果祖母可以做到，那么她也一定可以。

| 父母活动 8：分析有效策略 |

在这个活动中，你需要借助表 4-3 思考如何使用这些有效策略。你需要回想孩子最常见的焦虑行为，分析如何处理在上一个活动中列出的那些无效策略。

表 4-3　　　　　　　　　　　分析有效策略

策略	你会在什么时候使用这个策略	你可以怎么做
对孩子的勇气和非焦虑行为给予奖励		
忽视问题行为		
鼓励孩子积极应对		
示范勇气和非焦虑行为		

应对孩子焦虑问题时要牢记的重要原则

父母在教养孩子时常会遇见一些困扰。虽然以下原则有些看似很浅显，但父母经常容易忘记。

确保教养行为的一致性

在奖励（或惩罚）孩子时，关键是要让你的做法保持一致，让孩子知道，某些行为可以产生愉快的结果，有些行为则会导致不愉快，父母可以通过这种方式鼓励孩子摆脱问题行为。你需要和伴侣讨论，商定一个共同策略。只有所有的家庭成员（包括继父母、祖父母、外祖父母等）在教养行为上达成一致，教养实践才能发挥最大功效。在实际生活中，这不一定总能实现，但父母要有面对新的挑战的勇气。对于如何应对孩子的行为，需要每次严格按照设立的规则执行，越能保证二者的一致性，孩子就越能学好行为调控。

随时自省情绪状态

所有孩子都会有感到非常沮丧和担心的时候，尤其是对有焦虑问题的孩子来说，这种情况会更多。明明快要迟到了，这时孩子却不愿换衣服，因为他害怕自己一个人去别的房间，还有比这更让你感到挫败的吗？尽管生气情有可原，但你要记住，当你情绪不受控（如生气或焦虑）的时候，孩子焦虑调控训练的效果也会大打折扣，因为在这种情况下教养行为很难保持一致性。你需要提前制定自我"暂停"的方式，以防自己在跟孩子互动时出现极端情绪化反应。在准备外出时，你需要告诉孩子你接下来要做什么，并让他知道你过不了多久就会回来。在实施这个项目的过程中，务必要保持平和且放松。如果孩子因为害怕出门而哭闹，你就不应该在奔波途中还跟孩子讲解训练的新内容。最后，当你发现自己的情绪快要爆发时，请试着离开现场并自我反思。让伴侣、朋友或年长的兄弟姐妹陪着孩子，并向他解释，你需要离开片刻，让自己冷静下来。进入另一个房间后，你需要整理好情绪。记住，你只有在心平气和的状态下，才可以更有效地处理孩子的焦虑问题。

区分孩子的焦虑与淘气行为

父母最常遇到的困难就是分不清孩子的焦虑和淘气（也就是人们常说的"不听话"）。父母常常会得到他人的各种建议，说孩子的行为只是因为单纯的淘气，需要惩戒。不幸的是，这两种行为看起来很像，而焦虑行为又不应该受到惩罚，这让父母很为难。此外，一些有焦虑问题的孩子宁愿自找麻烦也不想面对令其恐惧的情景（孩子制造的麻烦通常是可预见的，所以对其自身不会造成危险）。因此，孩子会故意搞砸另一件事，让自己摆脱令其恐惧的事。

有三个原则可以帮助你区分焦虑与淘气行为。

第一，即使孩子真的很焦虑，也不可以有任何形式的言语或身体攻击。也就是说，你要对其辱骂他人、怒喊他人名字、打人和扔东西等行为立刻做出反应。在现实生活中，这些行为都不是以心情不好作为借口就能被原谅的。因此，放任孩子如此行事而不做处理，从长远来看并不利于成长。孩子需要学会调控情绪，哪怕情绪真的非常强烈。

第二，需要仔细考量情景，了解孩子回避某项任务的原因。例如，让孩子去卫生间刷牙，要是他不愿意去，你就要冷静观察这个现象。如果你知道孩子怕黑，而卫生间在走廊尽头，刚好那时候没开灯，这就有可能说明孩子不是不想听话，而是在回避黑暗。然而，如果没有这些原因，孩子只是看电视太过入迷，他就可能是不听话。这时，立刻把电视关上10分钟可能是更适合的应对方法。

第三，观察孩子是否每次都在回避同一件事。例如，如果每次让孩子去写作业他就说自己害怕去房间，而玩电脑游戏时则能在那个房间开心地待几个小时，这就很可能是孩子夸大了他的恐惧。

那些通过抱怨自己害怕来回避某些事的孩子，得逞时常常喜形于色，这可能会让人误以为孩子在使用操纵伎俩。但重要的是，你要就你所了解的孩子的恐惧和担忧进行思考，并从这个角度思考这种行为的合理性：如果你害怕某件事，你愿意去做吗？如果答案是"不"，就表明这正是你需要运用焦虑调控技能的地方。如果这项任务和已知的恐惧无关，你就可以坚定地判定，孩子不需要焦虑调控就能完成。

管教孩子的淘气行为

虽然这个训练并不针对孩子的淘气或违逆行为，但这里还是要建议，在孩子失控时要杜绝体罚。再次强调，对孩子的惩罚要保持一致性，并且你需要时刻反省自己的情绪状态。

暂停法

这是一种非常有效的"惩罚"方式，尤其适用于年龄较小的孩子。在使用暂停法之前，你需要先认真思考以下问题：

- 为什么暂停法是必要的？
- 针对什么行为可以使用暂停法？

- 暂停时应该去哪儿（选一个清静的地方，如卫生间或玄关）？
- 孩子需要在暂停状态下待多久（对小学生来说，一般是5～15分钟）？
- 在暂停期间，孩子必须要遵守什么规则（直到孩子安静下来，暂停计时才能开始）？
- 你希望孩子在暂停结束时有什么表现（如完成某个任务、道歉）？
- 你和孩子还需要达成怎样的协议，来设定没有遵守暂停规则的后果（如在暂停完成前丧失某项特权）？

举个例子，你和孩子商定好在他一大喊大叫时就会启用暂停法。如果他开始吼叫，就让他去卫生间暂停五分钟。五分钟后，孩子可以回来和你聊聊，解释一下心情不好的原因（用理性的态度）。在暂停法结束后，需要捕捉孩子良好的行为表现，并找机会给予表扬。如果孩子下次能心平气和地沟通，父母就可以表扬他。

案例

杰斯最近在极度焦虑的状态下会变得很有攻击性。她怒吼道自己怨恨所有人。有几次，父母要求她必须完成某项任务，她还打了母亲和父亲。出现这样的情况，父母都感到茫然无措，只好试着安抚她，没再让她去做令她发狂的任务。压倒骆驼的最后一根稻草是，杰斯的弟弟在跟母亲发生肢体冲突后，被送回自己的房间，弟弟情绪很糟糕，因为父母从没为杰斯打人采取过任何措施。为此，父母决定设置一条家规，针对孩子的攻击行为会立刻使用暂停法处理。他们和孩子一起列出了攻击行为清单，包括打人、扔东西、对别人尖叫。在家里，谁都不允许再这样做了。他们向孩子们解释，如果再出现类似行为，就必须去卫生间静坐10分钟，时间到了（由父母宣布），必须说明下次遇到这样的情况该怎么做。

第一次用暂停法是在三天后，杰斯因为不愿吃蔬菜和父亲发生了冲突。父亲立刻把杰斯领到卫生间，要求她在里面静坐10分钟。杰斯大喊大叫，还敲打门，但每次她跑出来，父母都会直接把她带回卫生间。用了40分钟，杰斯才消停下来，父亲在这时才开始计时。暂停时间结束后，父亲把门打开，问她下次该怎么做。杰斯回答："不再发狂。"然后父亲才让她回到餐桌，吃完冷掉的饭菜。

杰斯第二次被要求暂停时，只用了五分钟就冷静下来。几周时间过去后，杰斯被要求暂停的次数，从第一周的五次下降到每两周一次。父母认为，他们终于可以在确保每个人安全的情况下，开始帮助杰斯处理她的焦虑问题了。

解除特权

解除特权也是一种有效的"惩罚"方式。被解除的特权需对孩子产生有意义的影响，同时还要讲究及时性。例如，在10月就告诉孩子今年不会再为他准备圣诞节礼物并没有用，这样做的效果不如告诉孩子他半小时后不能看他最喜欢的电视节目。被解除的特权不能是几天后乃至更久以后的事，否则影响效果就会消退，也会让你很难贯彻到底，容易让你屈服。与其他策略一样，沟通必不可少。孩子需要清楚地知道为什么丧失了特权，以及何时能拿回特权。

自然后果法

有焦虑问题的孩子的行为有时会自然而然地导致某种结果。例如，如果孩子决定不去参加聚会，他就要自己打电话告诉别人他不能参加。如果孩子出现了某种你不希望看到的焦虑行为，你就要让孩子去承担后果，不要出于保护而避免让孩子去体验后果。在上述杰斯的案例中，杰斯不得不吃冷掉的饭菜就是一种自然后果。

父母活动9：回应孩子的积极和消极行为

在掌握所有关于孩子焦虑调控的信息后，你需要开始实施你认为最适合孩子及家庭的方案。以下有两种不同的方法。

一旦你发现自己的教养行为落入了误区，表4-4就很实用。记录下每个误区，写下你要做出哪些调整，并记录每天你在互动调整中的进展。可以考虑加入你在调整互动方式过程中的欣喜之处，以及孩子相应的反应。别急着在很短时间内就改变许多，每个阶段专注一到两件事就好。

表 4-4　　　　　　　　　　　　　　调整我的策略

我目前在教养方式上有什么误区	我要做出哪些调整

实施的效果如何
周一：
周二：
周三：
周四：
周五：
周六：
周日：

表 4-5 可用来帮你记录在面对孩子的积极和消极行为时，你采取了什么策略，可以起到自我监督的作用。在接下来的一周，你需要持续记录你采用的哪些策略起效了，哪些毫无效果，从而让你了解你需要在亲子互动的哪些方面做出调整。

表 4-5　　　　　　　　　　　回应孩子的积极和消极行为

孩子做了什么	我采取了什么策略（表扬或惩罚）	我的应对策略有何作用（孩子有什么反应）

不管是调整应对孩子焦虑问题的策略，还是记录孩子的行为如何随着你的调整而改变，这两个任务都会帮助你提升相关意识。

当孩子恐惧时，你可以做什么

你可能在想，孩子非常害怕，万分抗拒，这时如何才能消除孩子的焦虑情绪？答案很简单——你不能！你不可能完全赶走孩子的焦虑情绪。所有人都会偶尔感到焦虑，我们都需要学会如何妥善处理。尽管我们往往很难意识到这一点，但作为父母，我们不得不接受现实——无论如何，孩子在未来都会有焦虑的时刻。当孩子备感恐惧时，你最需要做的是给予他陪伴、支持和安全感。另外，前文也说过，最好保持沉着冷静，不要火上浇油。最后，这里给你提供了一种帮助孩子控制恐惧的结构化的方法，以便让其平静下来。

问题解决策略

使用这个策略处理孩子的焦虑问题有两个好处：第一，能鼓励你和孩子合力解决问题，你们都能在其中发挥作用；第二，通过赋予孩子一些职责，鼓励其在焦虑调控中的独立性。一共分为以下六步。

步骤1：总结孩子说过的话

核实你是否精准地理解孩子的问题，也就是说要确保知道孩子真正想要表达的意思。不要去和孩子争执，应该心平气和、带着共情地与孩子交流。

步骤2：帮孩子找到可以改变之处

询问孩子他可以做出哪些改变——是改变他所处的情景还是他的应对方式，或是二者都有。

步骤3：让孩子通过头脑风暴找出所有可能缓解焦虑的办法

请确保你不会替孩子完成这个任务，帮助他自己提出缓解焦虑和平复情绪的办法。当然，你需要为年幼的孩子多提供一些支持，给年龄较大的孩子多一些发挥空间。你也要赞许孩子想到的办法，即使这些办法并不会真的有作用，也要表扬他所付出的努力。事实上，孩子积极主动地跟你一起尝试焦虑调控，这本身就是非常积极和重要的一步。请鼓励孩子找到他喜爱的侦探角色，鼓励他把侦探思维法也列入选项。

步骤 4：跟孩子共同逐一分析他想出来的方法或策略

针对每个方法和策略，你都需要问孩子："如果你这么做，会发生什么呢？"如果孩子不知道，你需要耐心地为孩子指出可能性（例如，可以说"我猜如果你_____，是不是能让你感觉好点儿呢"）。请记住，你的首要目标是鼓励孩子找到解决问题的方法，而不是回避这种情况。在孩子思考完每个策略的效果后，也要给予赞扬。

步骤 5：让孩子选择可能获得最佳效果的策略

请提醒孩子，他可以像在侦探思维法中一样找到证据。让孩子在从 1 分（完全没用）到 10 分（非常有用）的量表上给每个策略打分，也能帮助他选出最有效的策略。

步骤 6：在尝试了某个最佳策略后，评估其有效性

你需要和孩子一起思考并讨论，在实施过程中，这个策略的哪些环节是成功的，哪些环节遇到了困难，以及孩子从中可以汲取哪些能在下次使用的经验。

案例

杰斯的父母准备外出就餐，庆祝结婚纪念日。杰斯特别担心他们在外面会遭遇事故，哭喊着紧紧抓着父母，求他们别走。

父母陪杰斯坐下，一起找出问题所在。

母亲：杰斯，我们看得出来，你因为我们要出去而感到心情非常不好。你能告诉我们你到底在担心什么吗？

杰斯：我不知道，我就是不想让你们走。

父亲：是的，我们知道你不想我们走，但是需要你告诉我们原因。如果我们出去了，你害怕的是什么？

杰斯：你们可能会遇到事故，会受伤。

步骤 1：母亲总结了杰斯说过的话，核实自己是否理解了孩子的意思。

母亲：所以说，你不想我们出去，是因为你觉得我们会遭遇事故并受伤，对

吗？你是因为这个而心情不好？

杰斯：没错。

步骤2：父母给杰斯提供选择，帮她找到可以改变之处。

父亲：好的，杰斯，妈妈和我今晚还是要出去。这真的取决于你如何处理这件事，你可以继续保持你现在的想法，这种感觉很糟。你也可以尝试做些什么来应对自己糟糕的情绪。妈妈和我都非常乐意帮助你应对那些坏情绪，你愿意试一试吗？

杰斯：我想让你们在家陪我。如果你们不走，我的心情就会好。

母亲：杰斯，你刚才已经听懂爸爸说的话了，我们今晚不会留在家陪你。你现在必须做出决定，要怎么处理现在的情绪。我们一起努力，一起试着想办法让你心情好起来，好不好？

杰斯：我猜可以……

父亲：你真棒！

步骤3：父母鼓励杰斯想一些可以用来应对焦虑的办法（即她可以怎么做以让自己的心情好起来）。杰斯因为她的努力而得到了表扬。

母亲：好的，杰斯。我们需要尽可能多地想出让你心情好起来的办法。你觉得你可以做些什么呢？

杰斯：什么意思？我不太懂。

父亲：比如，你担心我们出门，是因为你觉得我们出去会遭遇事故。或许，你可以看个视频，把这种担忧从脑海中清除出去。你明白我的意思了吗？

杰斯：我可以把你们的车钥匙藏起来，这样你们就不能走了。

母亲：嗯，这算是一种方法。

杰斯：我可以看视频，让大脑不想其他事。

父亲：很好，杰斯。你还可以做些什么呢？

杰斯：我还可以把"爸爸开车技术一直都很好"写下来，这样我就不会忘了。

母亲：你指的是侦探思维法吧，杰斯，你太棒了！你真的在努力地想出一些好主意。你还可以怎么做呢?

步骤 4:父母鼓励杰斯继续思考,她想出来的每个应对策略分别会带来什么样的结果。

父亲:现在,杰斯,关于在我们出门时你如何让自己心情好起来,我们已经写了好几个不同的办法。让我们来逐一分析,看看如果你这么做,结果会如何?首先,是把车钥匙藏起来。你认为如果这么做了,会发生什么呢?

杰斯:你们可能会留在家里?

父亲:我觉得我们更有可能把你送进你的房间,然后乘坐出租车去吃饭。

杰斯:是的,我猜也会那样。

父亲:看视频这个方法怎么样呢?会发生什么呢?

杰斯:我应该会很开心,不会一直想着你和妈妈。

父亲:我看到你还写下了"爸爸开车技术不错",请你来说说看!

杰斯:这会提醒我,你们不太可能遇到事故,或许我会好受些。

母亲:好的,这是我们这个清单的最后一条。真不错,杰斯。你在帮自己克服坏情绪,你做得棒极了!

步骤 5:父母鼓励杰斯选择可能获得最佳效果的策略。

父亲:好的,我们现在需要做的最后一件事,就是从中选一个可能获得最佳效果的好办法。我们来看看这个清单,上面有每种办法对应的结果。你认为对你来说,哪一种最好?

杰斯:这很简单。肯定是看视频的那个办法。另外,我也可以把"爸爸开车技术不错"写下来,用来提醒自己不必担心。

母亲:我觉得这个选择非常好。我和爸爸都为你感到骄傲,你已经能自己找到应对焦虑的方法了。

步骤 6:杰斯妥善地处理好了她的焦虑情绪,父母也顺利出门,他们会在第二天一早称赞她的表现,并评估这个策略的有效性。他们会为她准备一个特别奖励

（如一起玩杰斯最喜欢的游戏）来肯定她的勇敢。

母亲：杰斯，你昨晚做得真好！我为你感到非常骄傲。你不仅处理好了担忧情绪，还履行了我们之前的约定——不给我们打电话，自己过夜。

杰斯：是的，我和保姆一起做了爆米花，边吃边看电影，有点恐怖，我们都躲到了枕头后面。

母亲：听起来你们玩得很开心。这次我们这样做了之后，你学到了些什么？

杰斯：如果找到喜欢做的事情，担心最终就不会过多地干扰我了。

母亲：侦探思维法呢？

杰斯：当我躺在床上想你们的时候，这个办法很有用。一开始我很担心，于是就对自己说："爸爸开车技术不错，他们再开10分钟就到了。"

母亲：太棒了！你甚至自己找到了一些证据。要是下次再遇到这种情况，你会怎么做呢？

杰斯：我会一边吃巧克力，一边看电影。

那天傍晚，父亲骑自行车载着杰斯出去玩，奖励她前一晚的努力。

案例中问题解决策略表格见表4-6。

表4-6　　　　　　　　问题解决策略表格（杰斯）

步骤1：问题是什么	
妈妈和爸爸准备出门，但我不想他们出去	
步骤2：我能改变什么	
我可以改变我的应对方式，即使我不想他们出去，他们也还是会出门的	
步骤3：头脑风暴，找出解决问题的方法	**步骤4：分析每种方法——如果我这么做，会带来什么结果**
方法1：把车钥匙藏起来	我还是摆脱不了坏情绪，他们会打车去
方法2：看视频，让大脑不想这件事	我会看得很开心，不再想那么多
方法3：写下证据，应对我担忧的问题	不再去想意外事故，我可能会好受些
方法4：我大哭大闹，发脾气	爸妈会使用暂停法，我最后会更心烦

续前表

步骤5：哪种方法最好？哪种次之	
我会用方法2和3：先使用侦探思维法，然后去看视频	
步骤6：评估策略的有效性——下次我会怎么做	
只要我全身心地看视频，就不会再担心了。我获得了一个奖励，让爸爸骑着自行车载我出去玩。我的方法非常有用	

父母活动10：解决问题

针对孩子最常遇到的焦虑情景，参考表4-6，在表4-7中填写你的想法，并提前考虑每一步中可能会遇到的问题。

表4-7　　　　　　　　　　　　问题解决策略表格

步骤1：问题是什么	
步骤2：我能改变什么	
步骤3：头脑风暴，找出解决问题的方法	步骤4：分析每种方法——如果我这么做，会带来什么结果
方法1：	
方法2：	
方法3：	
方法4：	
步骤5：哪种方法最好？哪种次之	
步骤6：评估策略的有效性——下次我会怎么做	

和孩子一起完成的活动

| 儿童活动 15：奖励 |

先让孩子讲讲他认为什么是奖励。请务必提醒孩子，你不仅会奖励他取得的成就，还会奖励他付出的努力。接下来，和孩子一起头脑风暴，把你们能想到的奖励都列在纸上。你也可以参考以下内容。

- 外出就餐
- 看一部电影
- 买一本书
- 点一份比萨外卖
- 在朋友家过夜
- 周六晚上晚睡
- 期刊杂志
- 特别活动（如迷你高尔夫）
- 准备一场晚餐聚会
- 组织一次家庭野餐
- 拜访长辈
- 爱好所需的装备
- 邀请朋友来家里玩
- 神秘的旅行
- 参加一次社团活动
- 买新衣服
- 逛书店
- 模型拼装组件
- 学业成就奖
- 和父母一起骑车
- 可以兑换大份奖励的奖券
- 把电视搬到卧室一晚
- 拍完照，做一本剪贴簿
- 拥有自己的花园
- 露营
- 泡泡浴
- 游泳
- 贴纸
- 和父母玩桌游或卡牌
- 放风筝
- 寄一张"我为你骄傲"的贺卡
- 点餐机会
- 卧室海报

列出这份清单后，可以让孩子选出他想要的。问问孩子的想法，有什么想和家人一起做的事、想听到的话（如来自父亲的表扬）、喜欢的家庭活动和想要的东西。请让孩子明白，现阶段可以获得哪些奖励，哪些不太现实。在使用阶梯法时，可以和孩子商量选择哪些奖励。提醒孩子，你之所以给他奖励，不仅是因为他达成了目标，还可能是因为他付出了很多努力。

｜儿童活动16：奖励你自己｜

和孩子聊聊他对自己的佳绩和努力进行自我奖励的方式，包括自己给自己积极的鼓励，或是允许自己做开心的事。可以用举例的方式来帮助孩子理解，比如对自己说"加油！这个目标很棒"，或是在花时间练习侦探思维法等新技能后，奖励自己玩最喜欢的手工游戏。你可能需要先用几个案例来帮孩子练习如何进行自我奖励，比如"如果你帮助朋友解决了一道数学难题，你会对自己说什么"，或是"你第一次学会在游泳池里潜水后，你会做什么来让自己高兴"。

自我奖励是帮助孩子获取上进心的重要方式。还要再强调一次：请确保孩子明白，他取得的成就和付出的努力都会被奖励。我们不可能每次都成功，但如果我们尽力而为，就能获得成就感。

｜儿童活动17：学会解决问题｜

在这个活动中，孩子会学习如何使用问题解决策略表格（见表4–7）来解决问题。请向孩子解释，当他面对某个情景但不确定该用哪个方案时，可以借助这个表格解决问题。你可以拿前面杰斯的案例来做示范，先向孩子说明，如何就问题解决方案集思广益，然后要评估每个备选解决方案的效果，以便选出最佳方案。请让孩子帮杰斯想出另一种解决方案，再分析这个方案的效果。

使用一张空白表格，选择一个孩子最近面临的问题，或假想一个问题（例如，收到两个朋友同一天的邀请，必须在不伤害任何人的情况下解决这个问题），然后让孩子遵循问题解决策略的步骤执行。一开始，可以选择一个与孩子当前焦虑不太相关的简单问题。请确保你不会对孩子提出的解决方案或是他过去的行为进行批判，千万别说

"和你昨天大哭相比，这难道不是更好的方法吗"之类的话。对于孩子提出的方法和所付出的努力，你只需予以表扬和鼓励。

在孩子想出方法后，你就可以试着在他遇到困难时用问题解决策略帮他调控焦虑。

▎儿童练习任务3：自我奖励 ▎

这项练习任务的重点是，让孩子自我监控一周内的良好表现，自我奖励，并做好记录。请使用儿童训练手册中的表格或自己创建表格，让孩子在上面记录他完成的任务，他可以给自己取得的成就打分，也可以给自我奖励打分。这个环节可以帮助孩子理解取得的成就和付出的努力要与奖励相称，即大对大、小对小。不管是运用侦探思维法、帮忙做家务、在困难学科上加倍用功，还是在其他地方付出了努力，孩子都可以奖励自己。

当出现问题时，孩子也应该使用侦探思维法和问题解决策略多做练习。你和孩子都应为此获得奖励。

本章重点

在本章中，你和孩子学到了：

- 应对孩子焦虑问题的无效策略包括：
  – 过度抚慰孩子；
  – 在孩子试图做某事时过多介入和主导；
  – 允许孩子回避在其年龄阶段本可以完成的任务；
  – 对孩子失去耐心。
- 应对孩子焦虑问题的有效策略包括：
  – 对孩子的勇气和非焦虑行为给予奖励；
  – 忽视问题行为；
  – 鼓励孩子积极应对；

- 示范勇气和非焦虑行为；
- 辨别孩子焦虑与淘气行为的方法，以及应对淘气行为的有效措施。

- 在给予孩子奖励时，请保证明确性和一致性，这样能鼓励并增加孩子的勇敢行为。
- 在面对恐惧时，付出努力与取得成功一样重要。
- 当孩子努力尝试某事时，他可以通过表扬自己或安排特别活动来进行自我奖励。
- 在遇到困难时，可以使用问题解决策略来处理。

孩子需要完成以下任务。

- 持续记录自己取得的成就以及自我奖励的方式。(你需要时不时地询问孩子表格的填写情况，确保在下周的焦虑调控练习中能一起回顾，并确保及时表扬他付出的努力。)
- 继续练习侦探思维法，至少每天填写一次侦探思维法表格。遇到任何让自己焦虑的情况，都应该写下来。(每一天，无论何时，只要孩子注意到自己的焦虑变严重了，就应该鼓励他尽可能地使用侦探思维法。)
- 抓住使用问题解决策略的机会，对于本周出现的任何问题，都可以和父母一起找到解决方案。

第 5 章

从直面恐惧到克服恐惧

了解阶梯法

侦探思维法已经教会了孩子在应对焦虑时可以使用不同的方式去思考，这是调控焦虑过程中的首要步骤。然而，仅学会新的思维方式并不足以克服担忧和恐惧情绪，要是不改变原有的行为方式，侦探思维法也不太管用。本章的目标是让孩子学会在现实情景中试炼应对恐惧和担忧情绪的新技能。

阶梯法（stepladder）是一种通过让孩子直面自身恐惧的事物来帮助孩子克服恐惧的技能。大体上看，阶梯法的操作步骤并不是什么新鲜事，你可能会发现之前早已尝试过其中的部分做法。这个方法的不同之处在于，我们会将其整合到整体焦虑调控计划中，指导你以更加结构化的方式运用这项技能。阶梯法的实践循序渐进，不会令孩子无法招架，孩子将会逐渐接触曾令其畏惧的事物，并学会妥善处理问题。孩子受到鼓励，接触令其恐惧的事物，然后学会合理应对，这些环节都会帮助孩子树立自信，打破之前应对恐惧和担忧问题的自动化模式。

回避恐惧不过徒劳一场

案例

有两个男人走在路上，其中一个人走几步就停下来，以头抢地。他的朋友最后终于受不了了，说道："停，你能消停一会儿吗？"那个男人回答："不行，只有这样才能把鳄鱼吓跑。"朋友说："可这里没有鳄鱼啊！"男人微笑着说："你看吧，正因为我这样做，你才看不到鳄鱼。这不正是我的功劳吗？"

被焦虑困扰的孩子会回避许多他们认为的危险，但若能以理性判断，就会发现这些危险显然不太可能发生。然而，如果孩子一直回避，就永远无法理解这其实徒劳无用。例如，某个孩子因为害怕被杀害而每晚都想和父母一起睡。事实上，他在睡觉时被杀害的概率几乎为零。然而，如果他每晚都和父母一起睡，就永远无法真正领会这个道理。目标是让孩子在逻辑上坚信自己不会被杀害，使用侦探思维法是第一步，但这还不够，孩子必须真正直面恐惧，从心底相信这件事不会发生。

回避行为其实是在强化孩子的焦虑型想法，不断阻拦孩子尝试的步伐。大多数有焦虑问题的孩子都会回避令其焦虑的场合，并已养成习惯。有时，回避技巧隐藏得很巧妙，父母已经习以为常，甚至意识不到。阶梯法给孩子提供了多种实践练习机会，让他意识到自己有能力应对恐惧。

无论是分离焦虑、特定恐惧（如高处或蜘蛛），还是对社交场合或学业成绩的过度担忧，这个方法都适用。虽然孩子需要直面的事物千差万别，但应对的基本原理是一样的。

先举个例子，以便你了解如何使用阶梯法克服恐惧。假设你害怕当众演讲，但你很希望自己能在那样的场合变得更自如，在工作中能面对很多人发表演讲，从而获得晋升机会，那你通常会先使用求实思维法，思考自己究竟在担心什么，以及支持这种想法的证据等。不过，仅凭这项技能还不够，还要直面恐惧。首先，你可以先安排一个小型演讲，邀请家庭成员来做观众。你可能还是有点害怕，因为这个举动好像有点傻，但应该不会太难。在你完成这个步骤后（或许不止一次），就可以准备给一群朋友做一次简短的演讲。在这之后，你可以参加本地俱乐部，尝试阅读推介发言人的工作。做这些事其实也是在练习实事求是地思考，在几周内练习好前期的基础准备工作，你的自信心应该能得到逐渐提升，下一步就是在同事面前做几次演讲练习。同时，你还可以加入公开演讲类的俱乐部，每周在俱乐部成员面前练习演讲。最终，你会赢得晋升机会，并会把演讲融入新工作中。在这个过程中，你可以规划日程，拆解要完成的事：一开始只需面对少数观众，后期再慢慢过渡到更严苛的受众。以这样的方式，你将循序渐进地逼近最终目标，终将能自如地当众演讲。你也会发现自己的实力，明白自己曾经想象的那些坏事发生的概率其实微乎其微。几周（或几个月）后，你会发现，你越来越不担心公开演讲了。

教授孩子阶梯法的原理其实是一样的。举个例子，试想某个孩子害怕在黑暗的环境中入睡，希望房间每晚都不熄灯。在阶梯法方案中，可以先让孩子在客厅灯光明亮的情况下去卧室睡。如果这项任务对孩子来说不算太难，那么他多半会同意。这样过了几晚之后，可以让孩子在客厅另一侧的房间开灯的情况下在卧室睡觉。再这样过了几晚后，孩子或许会同意只在客厅外面开一盏昏暗的台灯。之后，孩子便可以试着在只有远处房间灯光微弱的情况下入睡。最终，孩子在完全不开灯的情况下也能在卧室睡觉了。毫无疑问，每一级任务都会让孩子产生些许焦虑。不过，只要你循序渐进地减弱灯光，细分每级任务，孩子就能达成目标，不至于被迫直面极端恐惧情绪。

阶梯法如何起效

阶梯法讲究循序渐进解决恐惧问题。在你的帮助下，孩子将逐步练习，战胜每一个恐惧问题。孩子每一步的尝试都需依次进行，从难度最低的事物开始，层层递进，直到面对最害怕的事物。

在阶梯法中，每走一步都是在证明，孩子离战胜恐惧的那一天更近了。孩子成功完成每级任务，他都应为自己取得的成绩自豪，同时他也需要你的鼓励来维持动力。你可以与孩子共同商定一套奖励机制，帮助其持之以恒。请回顾第 4 章"对孩子的勇气和非焦虑行为给予奖励"的内容。

在完成阶梯法训练后，孩子应该能意识到，即使感到焦虑，自己也能妥善处理。练习期间，尤为重要的是，孩子必须接触那些令其时常担忧的事物，这样能教会孩子：不管多么担心、坐立不安，其实也不会发生什么坏事。由此，孩子才能明白，自己对某些担忧是有忍耐力的，情绪并不会完全阻止他完成任务，毕竟没人能终其一生永不焦虑。

练习是成功的关键，每级任务只练习一次远远不够，必须反复练习，直到孩子在当前任务的情景中不再过度焦虑。

你可以怎么做

面对某些情景时，焦虑的孩子往往对自己的能力缺乏自信。他们可能会觉得自己比别人差或比较弱，过往"失败"的经历让他们对这件事或新事物满心排斥。在后面的步骤中，必须鼓励孩子尝试一些有难度的任务。你需要在做到感同身受的同时严格要求孩子。这不容易做到，但你得提醒自己，这是在为孩子的长远利益打算。偶尔回顾一下第4章，或许又可以汲取到能量。

相信孩子的能力

你可能会对孩子忍受焦虑和不安情绪的能力充满担忧，比如，你或许会觉得孩子比同龄人更敏感。孩子其实能从父母身上注意到细节，从而意识到自己的能力水平，然后估计某项任务的难度。因此，最好别让你的焦虑情绪外露。孩子会蜕变的，请你保持积极乐观的态度。

你也在担忧吗

你的难点在于，要知道何时共情孩子并帮其解决问题，同时还要知道何时督促他前进。如果你自身也有恐惧问题，就会难上加难。虽然你明白放手让孩子自己去做是好的，但要是看到孩子忧心忡忡，你也会感同身受，并不由自主地去保护他。你这样做也在情理之中，但你必须试着把自己和孩子的焦虑问题分开看待。对于你个人的问题，求实思维法可能会有帮助。正如前文所说，可以用你处理问题的方式给孩子做示范。制定你个人的阶梯法方案，你和孩子便能同步完成各自的方案。

在执行阶梯法方案初期，你可能会发现自己很难当"坏人"。父母有时要把孩子"推"出去，让孩子直面问题情景。孩子往往担惊受怕，许多父母便会产生负罪感，摇摆不定。如果你也如此，你就需要做好保障措施，以支持你完成这个项目。你要先提醒自己，鼓励孩子直面恐惧是好事，也是克服恐惧的唯一路径。然后，你要对你的消极情绪进行头脑风暴，找出自我排解的方法。例如，可以针对你的焦虑型想法填写求实思维法表格，通读一遍，提醒自己实事求是地思考。你也可以让自己忙起来，转移注意力。你还可以请求伴侣或朋友的支援，这些人能提醒你：你做得没错，孩子不会因此就一蹶不振，也不会痛恨你。

总之，这些情绪合情合理，但为了孩子，你需要努力克服。

对孩子的期望要定位清晰

最好在心里有清晰的概念，对孩子有合理的期望，且符合孩子的年龄和个人情况。只要清楚地知道你的期望水平和可帮助的边界，就可以最大限度地发挥你的价值。例如，让患有分离焦虑障碍的 6 岁孩子独自在家过夜肯定是不切实际的，但让 15 岁的孩子这样做就完全合理。同样，对孩子的不同方面，你的期望也会有所不同。例如，你希望孩子能独自从公交站走回家，在某些街区而言，这是可行的，但在有些街区则不行。关于什么样的期望才算合理，如果你不确定，那么你可以和家人或孩子的老师聊聊。此外，如果你的伴侣或其他关心孩子的人也想参与项目，请确保你们达成一致的期望。如果孩子从养育者那里接收到不同的信息，就很难学会放下恐惧。

教授孩子阶梯法

跟孩子一起制定阶梯法方案，这通常不是什么难事，但有时也可能踩雷。不过，与学习其他技能一样，可以遵循系统化步骤。

步骤 1：向孩子讲解阶梯法

和孩子一起直面恐惧的第一步，就是简单明了地解释这项训练的目的。孩子的主动性很重要，否则难度就会很大。在讲解阶梯法时，自然需要根据孩子的年龄进行灵活调整。

有个诀窍，就是给孩子讲个故事。故事里的孩子害怕某种事物（如怕狗或恐高），让孩子给故事里的主角关于如何战胜恐惧来出主意。

可以这样举例子，有个小孩害怕去深水区游泳。问问孩子，对于如何帮助那个小孩逐步下水游泳，他有什么建议。大部分孩子都能轻松想出符合常识的方案。希望你的孩子想出的方案是"先让那个小孩从恐惧程度最低的任务起步（如先去水深没过膝盖的区域）"。如果孩子没有给出合理方法，就要给他提示，直到他找到答案。给那个小孩的下一步建议是一点点地下水，去越来越深的区域，需要给那个小孩时间放松自己，在每一次前进时调整好心态。希望你的孩子能明白，那个惊慌的小孩的确会感到有些恐惧，但随着一点点进步，他将逐渐调整好自己，终将达成终极目标并拥有良好心态。儿童活动 18 中选取了莫莉恐高的案例，能协助你讲解阶梯法。

步骤 2：制作恐惧和担忧问题清单

如果孩子已经能在大体上理解阶梯法的概念，那么下一步就是如何将其运用到具体问题上。首先，你和孩子需要一起坐下来，通过头脑风暴来想想他有哪些害怕的事物。可以创建一份恐惧和担忧问题清单（参见表 5-1 和表 5-2），记录孩子害怕且经常回避的情景或活动（如大型犬、陌生人、亲子分离等）。有些孩子可能只有一种恐惧问题，有些孩子的问题则可能很多。毫无疑问，你可以提出许多条目，但也要确保孩子尽可能多地记录下来。更重要的是，要让孩子参与练习，先多鼓励他提出清单内容。你可以将这项练习设置成有趣的游戏，看看能列出多少条。你需要提醒孩子：清单中列出的是令他焦虑的具体情景，而不是"害怕分离"等一般概念；不要把它当作失败清单，而是理想清单，即你相信孩子能攻克这些问题。

这个阶段的主要环节就是让孩子参与并进行头脑风暴，因此，哪怕孩子提出的条目脱离现实或不合理也没关系，后期可以修订。此外，不必担心是否涵盖所有内容，后期可以添加新条目，且随着条目的增加，你也能知道孩子渴望在哪些方面有所改善。生成条目后，要将条目划分为非常困难、中等难度和稍有难度三类。孩子可以给每个条目的焦虑等级打分，但这并不是本阶段必须完成的步骤。因为这个练习最重要的是列出孩子因焦虑而不愿做的事，打分仅仅是为了方便归类。

你可能会发现，孩子找不出令其恐惧的情景，或者声称自己现在已经完全没问题了。有焦虑问题的孩子经常会否认自己的问题，这种现象很普遍，我们称之为"假性自我良好"，因为孩子想要在你或自己面前表现得"完美"。如果你认为孩子在否认，请不要逼问，可以先聊聊最近困扰他的一两件事。先找到恐惧程度最低的事，告诉他先解决这个问题，然后再去处理其他条目。有些孩子可能会拒绝承认有社交恐惧等障碍，但愿意吐露其他方面的困难。你要告诉孩子，可以先解决一个方面的问题，再去处理难度更高的问题。在成功解决了稍容易的问题后，孩子就能树立信心，在与其他问题的抗争中勇往直前。如果孩子仍然否认有困难,那么你可以试试激将法,例如:"我觉得你有点儿害怕×××,为什么不把它写下来呢?如果你不怕,就可以证明我说错了。"

案例

拉希对很多事都满心焦虑,而且似乎越来越糟糕,让家里每个人都心神不宁。母亲和她共同制作了一份恐惧和担忧问题清单(见表5-1),并与她聊了聊这些焦虑问题。起初,拉希认为每件事的焦虑程度都差不多,但和母亲聊过之后,她发现这些问题可以按组归类。把恐惧问题写下来,似乎方便多了。

表5-1　　　　　　　　　　恐惧和担忧问题清单

程度	条目	打分
非常困难	一整晚都只有保姆陪我在家	9
	打针	10
	母亲迟迟没回家或接我时迟到	9
	担心家里来窃贼	10
	在自己房间睡觉	8
中等难度	去上学	6
	母亲陪我看医生	5
	晚上听到奇怪的噪音	7
	身处黑暗中	6
	去父亲家过夜	5
稍有难度	在家里的其他房间	2
	放学后去朋友家	4
	和母亲一起拜访外祖父、外祖母	1
	在父亲家待一下午	2

拉希和母亲根据这份恐惧和担忧问题清单,找到了入手的关键,并据此制定循序渐进的方案来解决拉希的恐惧问题。她害怕的情景大致可分为三类,分别是:与母亲分离;处于黑暗环境;看医生,尤其是打针。

父母活动 11：完成恐惧和担忧问题清单

本周焦虑调控训练的内容是为孩子制作恐惧和担忧问题清单（见表 5-2）。如果能预先在脑海中思考可填写的条目，效果就会更好。

表 5-2　　　　　　　　　　　恐惧和担忧问题清单

程度	条目	打分
非常困难		
中等难度		
稍有难度		

这些条目可以如何归类？这些情景之间有何关系，或有何潜在共同点？

步骤 3：制定循序渐进的方案

在列出了令孩子恐惧的所有条目后，下一步就是制定一个或多个阶梯法方案。方案要对清单中的条目进行合理组织，且具备可操作性，将每级任务从易到难进行排列。

在恐惧与担忧问题清单中，某些条目本身就包含了可操作的步骤。例如，在拉希的清单中，"和母亲一起拜访外祖父母"就具备可操作性。然而，清单中有些条目则较为宽泛。例如，"身处黑暗中"就不够具体，因为拉希恐惧的程度会随具体情景（如室内或户外、身处哪个房间、时间点、黑暗程度等）而变化。对于可操作性条目，可以保留原有表述；对于较为宽泛的条目则需要重新组织，使其更加具体，这就涉及细化拆解。例如，身处黑暗可拆分为：在灯光昏暗的卧室；傍晚时分待在关灯的卧室；夜晚待在关灯的卧室；关灯时在离卧室较远的房间；关灯时站在后门外；关灯时站在花园尽头。

请细化每个条目，使其具备可操作性，然后，孩子可以按照从易到难的顺序进行排列。之后，就可以针对第一个焦虑问题制定阶梯法方案了。

如果孩子恐惧的事太多，那么最好针对不同问题制定多个阶梯法方案。每个方案的条目需要在逻辑上互相关联，归属于同一类别的恐惧问题。例如，可以针对亲子分离制定第一个方案，第二个和第三个方案则分别针对社交和关灯入睡问题。

在制定方案时，需确保每个条目的难度不要相差过大。在孩子最终选定阶梯法方案后，先让他练习第一级任务，直到他对这一级任务得心应手，才可以进行更高一级的任务，依次渐进。如果每级任务的跨度太大，那么孩子不仅可能无法完成，还可能会因此而灰心丧气。

为逐级递进达成最终目标，请思考孩子在面对某类情景时可能会出现的不同情况。例如，在街上向陌生人问路可能会出现不同情况，从而导致孩子出现不同程度的焦虑。问路时，可以问男性或女性，问老人或年轻人，问一个人、两个人或一群人。对于害羞的孩子来说，不同情况导致的焦虑可能存在差异，每个孩子的情况也千差万别。只要集思广益，思考不同情况并对此设计出大量条目，孩子就可以按难度将其排序，然后列入阶梯法方案中。

此外，还要考虑条目的可操作性，孩子需要完成清单上的每一个条目。请先仔细检查清单，移除不符合条件或不可能完成的任务。例如，要想解决恐高问题，虽然登珠穆朗玛峰可能很有用，但不太可能做到。

儿童活动部分的阶梯法方案共有10级，设计得多一些或少一些都可以，没有具体的数目限制，但应保证有充足的阶梯数，让孩子有充分的练习机会。相比只有几级任务且跨度较大的阶梯法方案，用大量拆分细致的小任务来合成方案能更有效地强化孩子的学习效果。请避免出现条目之间难度跨度大的情况，每一级任务都需要清晰有致，并明确所需时间、执行地点及目标。请利用日常活动为孩子提供充分的练习机会。不过，有些任务过于繁杂，需要父母费尽心力，尽管本意很好，但并不可取。

案例

拉希和母亲列出了拉希害怕的各类情景，包括在别人家过夜（哪怕是在父亲家）、夜里关灯独自睡觉、母亲外出时和保姆待在一起、去上学等。为了更方便地梳理她的恐惧问题，拉希和母亲决定，针对每个恐惧问题各制定一个阶梯法方案。下面是其中的一个方案，其目标是帮助拉希学会应对母亲外出的情况。

拉希的目标：在只有保姆陪伴的情况下待在家，不去担心母亲。

1. 母亲外出10分钟，我和父亲待在家。
2. 母亲外出30分钟，我和外祖母待在家。
3. 母亲整个下午不在家，我和父亲待在家。
4. 母亲几乎一整个白天不在家，我和外祖母待在家。
5. 母亲整个下午不在家，我和保姆待在家。
6. 母亲几乎一整个白天不在家，我和保姆待在家。
7. 母亲傍晚外出（几个小时），我和父亲待在家。
8. 母亲晚上外出（直到很晚），我和外祖母待在家。
9. 母亲傍晚外出（几个小时），我和保姆待在家。
10. 母亲晚上外出（直到很晚），我和保姆待在家。

* * *

乔治有害羞问题，在某些方面还有完美主义的倾向。他特别担心别人的评价，所以极力不犯任何错误。这使得他常常过度担心自己说错话或做错事，也经常重做好几遍作业来保证全部正确。以下是乔治为解决这个问题制定的阶梯法方案。

乔治的目标：不再担心自己在学校犯错。

1. 故意叫错朋友马克的名字。
2. 去学校前不梳头。

3. 在作业本上乱画一笔，不擦掉。

4. 在交作业前不检查错误。

5. 在一份科学课的设计作业中故意犯错。

6. 故意交一篇有拼写错误的文章。

7. 在没有百分之百把握的情况下，回答课堂问题。

8. 故意逾期三天才去图书馆还书。

9. 在课堂上故意答错一个问题。

10. 做错学校布置的作业。

* * *

乔治特别害羞，他最害怕的事就是在其他人面前讲话。以下阶梯法方案就是为解决这个问题而设计的。乔治先完成了其他几个阶梯法方案，然后才开始练习这套方案。因为公开演讲不是他最重要的目标，而且相对其他目标，解决这个障碍的难度更大。

乔治的目标：在班上演讲。

1. 准备演讲稿，但并不真正演讲。

2. 准备一次简短的演讲，自己练习，录制下来。

3. 给父母做一次简短的演讲。

4. 给父母再做一次演讲，故意遗漏部分内容。

5. 给祖父母做一次演讲，说错某个词。

6. 给姨妈和姑妈做一次演讲，故意把笔记掉到地上。

7. 给朋友和家人做一次演讲。

8. 给朋友和家人做一次长篇演讲。

9. 上课时向老师提问。

10. 给全班做一次两分钟的演讲。

11. 给全班做一次长篇演讲。

12. 对着全校师生演讲。

***

塔利亚害怕下水，这意味着她错过了很多乐趣：比如泳池派对和节假日活动。

塔利亚的目标：和朋友们在海边游泳。

1. 去当地的游泳馆，游过能踩到底的水域。

2. 去当地的游泳馆，在父亲的陪同下到深水区游泳。

3. 去当地的游泳馆，独自在深水区游泳。

4. 到被圈住的海边浅湾里游泳。

5. 在某个风平浪静的日子，在父亲的陪同下到海里游泳。

6. 在某个风平浪静的日子，独自在齐肩深的海域游泳。

7. 在某个浪稍大的日子，在父亲的陪同下到海里游泳。

8. 在某个浪稍大的日子，独自在齐肩深的海域游泳。

9. 在某个风平浪静的日子，游出海滩，再使用浮板游回来。

10. 在某个浪稍大的日子，游出海滩，再使用浮板游回来。

***

虽然杰斯在学校有两个好朋友，但她害怕因为跟其他孩子玩使得现在的朋友萨莉和安妮会跟她绝交。因为她总在担心这件事，所以错过了许多和其他孩子共同参与的活动。

杰斯的目标：和其他孩子玩，而不只是跟萨莉和安妮在一起。

1. 打电话给吉尔，问她关于作业的问题。

2. 上学前在操场问马德琳问题。

3. 邀请吉尔和马德琳加入萨莉、安妮和我的篮球比赛中。

4. 和萨莉、吉尔商量假期一起出去玩。

5. 在周三午餐时，向马德琳发出周五共进晚餐的邀请。

6. 吃午餐时和吉尔坐在一起，然后邀请她一起坐到萨莉和安妮那桌。

7. 放学后去马德琳家，看看她在不在家。

8. 约吉尔和萨莉在商场见面，共进午餐。

9. 邀请马德琳、吉尔、萨莉和安妮一起去看电影。

10. 在没有萨莉和安妮的情况下参加聚会。

11. 接受去别人家玩的邀请。

12. 邀请马德琳和吉尔来家里过夜。

我们将在第 6 章讨论其他类型的阶梯法方案，它们设置起来会更棘手一些，解决的焦虑问题也不同——适合偏执于做某件事（如只穿特定衣服或总洗手）的儿童，此方法可减轻其焦虑。如果你的孩子只有此类恐惧问题，那么建议你可以直接看第 6 章。然而，如果你的孩子具体的恐惧行为就是回避某事，那最好把它设置为第一个阶梯方案的目标。因为本章介绍的阶梯法更方便操作，孩子也更容易理解。

父母活动 12：为孩子制定阶梯法方案

虽然制定阶梯法方案需要孩子的帮助，但也请提前思考可能的计划和条目，这样会更高效。根据恐惧和担忧问题清单，你认为需要制定几个阶梯法方案？在与孩子一起制定方案前请先三思，然后再对每个阶梯法方案的每一级任务提出你自己的想法。不过，你也一定要记住，孩子关于最终方案要有话语权，他要参与决定哪些条目需要列入及其顺序。

实操步骤

- 将同一类恐惧问题的任务归类（例如，在饭桌上和亲戚聊天 vs 给全班做演讲）。
- 改变在场人的数量、年龄、性别或熟悉度，在不同条件下完成任务（例如，在操场上和同年级的同学一起玩 vs 在操场上和其他年级的同学一起玩）。
- 改变地点，在不同情景中完成任务（例如，在路旁的便利店寻求帮助 vs 在商场客服中心前台寻求帮助）。
- 改变在同一情景中停留的时长（例如，在校外托管班待半小时 vs 在校外托管班待一下午）。
- 就某项任务改变事前准备期的长短（例如，周三告知本周末的活动 vs 周六早上告知本周末的活动）。

步骤4：孩子完成每级任务都要给予奖励，即使尝试失败了，也要肯定其付出的努力

要求孩子执行阶梯法方案，就好像要求某人在没有麻醉的情况下拔牙。阶梯法对孩子来说绝非易事，其中某些任务可能会令孩子惊恐万分。通过小步阶梯来逐步构造一架高梯，就能减轻恐惧，但不太可能完全消灭恐惧。孩子要做的是先直面恐惧，再去克服恐惧。

每个人都需要借助鼓励来完成自己不情愿做或困难的事。作为成年人，你可以权衡出难事的价值，例如，必须做一个很疼的手术，是因为你知道这对你有好处。然而，孩子权衡价值的能力并不如你，成年人和孩子最大的差异就在于，孩子不太理解未来和时间的概念，告诉孩子"你现在必须经历苦难，未来对你有好处"是没用的。

因此，阶梯法的重要一环就是在孩子成功完成一级任务时给予奖励（当孩子失败时也要给予支持性奖励，鼓励孩子继续努力）。孩子每次练习完都要奖励，会让他充满动力，因为这是在用积极体验来平衡直面恐惧的消极情绪。

过去几年，我们偶尔会遇到一些父母，他们没意识到在阶梯法中奖励孩子是必要的。毕竟，其他孩子做这些事都没问题，为什么自己的孩子做同样的事（而且通常还很简单）就要被奖励呢？关键在于，孩子之间存在着千差万别。不管出于什么原因，即使其他孩子认为这些事容易做，你的孩子也可能持相反态度。举个具体的例子，想象一下，你被迫在国家级电视台上表演唱歌，或被迫爬进一个蛇坑。孩子被要求面对的恐惧，很可能并不亚于你做这些事时产生的恐惧。这些任务是孩子学会克服恐惧的必经之路，但又绝非易事。奖励孩子是激励他完成任务的唯一方法，而且这也能让孩子感到你为他骄傲。奖励不是贿赂，贿赂是你给别人东西，让他们做对你有益的事；而奖励只是一种驱动力，推进孩子做让他受益的事。

第4章介绍过如何给予奖励，这里就不再赘述。但请重读"对孩子的勇气和非焦虑行为给予奖励"的内容，回顾重要知识点。以下列出了需要牢记的要点：

- 奖励不一定是金钱，还可以是有趣的活动；
- 奖励不用多大，但需要与孩子有关；

- 奖励的大小应该与任务的难度相匹配；
- 奖励要及时，尽可能在孩子完成任务后及时给予奖励；
- 奖励行为需要保持一致性，孩子做到了就给，没做到就不能给；
- 无论孩子是否害怕，只要完成任务就要给予奖励。

步骤5：实施阶梯法方案

请先和孩子头脑风暴，找出孩子害怕的情景，归类组成一个或多个阶梯法方案。然后，商定好孩子在完成方案的前几步后可以获得的奖励。在完成这些工作后，孩子就要准备向恐惧宣战了。

开始前，孩子需要选出一两个方案中的一级任务。然后，你和孩子商量好执行第一步的具体日期和时长，给孩子赋权的程度取决于年龄、任务类型以及你的期望。对于年龄较大的孩子，你只需要告诉他，请在本周某个时间完成任务；对于年龄较小的孩子，你可能需要设置具体日期和时长。前提是，你最好提出明确要求，比如，先给任务设置精确的日期和时长，之后随着孩子逐步建立起自信，可以放手给孩子决定权。不过，你的管控程度和时间设置主要依据的是任务类型。有些任务需要有明确的时间（例如，你要外出，把孩子留给保姆）；有些任务的时间则比较灵活（例如，让孩子决定什么时候打电话）；还有些任务更讲究时机，只有事情发生了，才能去完成（例如，电话响了，去接电话）。无论是哪种任务，都别忘了在孩子完成后给予奖励。

为帮助孩子最大限度地从阶梯法方案中受益，既需要持续记录每周计划，又要记录练习情况（参见儿童练习任务4）。这个方法能帮你确保每项练习按时完成，并在进度放缓时让你有所警觉。如果孩子的积极性减退，那么这个练习也可以作为一份成就记录以供回顾，让孩子重获动力。这份记录能鼓励孩子反思自己在调控焦虑时用到的策略，让你掌握孩子取得的成就和遇到的困难，也会让你看到孩子的进步。

需要牢记的要点

要想让阶梯法方案奏效，实施过程必须实事求是、不断调适、反复练习、奖励到位。

选择切合实际的目标

- 选择可实现的、符合孩子发展水平和能力的目标。害羞的孩子可能永远都不会成为班上的风云人物，但可以把目标设为和同学聊天、发表演讲、打电话邀请朋友来家玩，以及和校长说话。
- 孩子没必要完全摆脱焦虑。在某些情景中，有一定程度的焦虑是正常的，也符合实际，或许还能帮孩子表现得更好。本项目的重点是减少孩子的极端焦虑情绪。孩子需要意识到，他需要具备一定程度的焦虑耐受性，要勇往直前。

困难出现时不断调适

- 需要监控孩子的进度，根据进步情况调整步调。如果开始下一级任务时受阻，就要在两级任务间插入弥合任务难度的新条目。有时，可通过调整任务中的人物或地点来变更内容。如果太快过渡到下一级任务，那么可能意味着这些任务不具有挑战性，也可能是由于孩子回避，因为有些孩子只是对某个情景逆来顺受，没有意识到这个情景本身并非消极。每完成一级任务后，都应该和孩子聊一聊，了解他对这件事的态度。阶梯法应该产生这样的效果：孩子认为"这没么糟糕"或是"我能妥善处理"，而不是抱有"止步于此，我也能挺过去"的态度。
- 第一次尝试时，无论是遇到什么困难或不尽人意之处，都要当成鼓励孩子坚忍不拔的宝贵机会，借机让孩子意识到，失败并非一无是处，而是改进的宝藏。当孩子尝试但没成功时，仍要奖励并肯定其付诸的努力。请时常提醒孩子之前自我奖励的内容，孩子需要记住"金无足赤，人无完人"。

反复练习才是长期获益的法宝

- 尤其要牢记，要想取得最佳、最长远的效果，就要反复练习，直到孩子树立自信。当孩子在没有你敦促的情况下，也能随时完成任务并精准掌控时，练习就到位了。

要观察孩子有没有"这个任务简单得让我厌烦"的感觉。

- 通过反复练习，孩子能获得越来越多的成就感和胜任感，不再畏难，从而逐渐巩固学到的新策略。孩子兴许已饱尝挫败感，反复练习是在向孩子证明，他其实有能力应对，也是打破其固有消极期望的必要条件。

奖励孩子付出的努力和取得的成就

- 实施阶梯法方案期间，要保持奖励机制的一致性。
- 对于孩子取得的成就及其尝试的努力，鼓励其进行自我奖励。你的表扬和奖励要及时，有焦虑问题的孩子需要你对其努力予以强化，以此鼓励自己在挫折面前永不认输。
- 奖励孩子的重要性可能在孩子取得几次进步后就会被父母忽视了，奖励和表扬应贯穿于每一级任务。

当孩子在第一个方案中逐级登顶后，就可以开始下一个方案。孩子通常可以同时进行两到三个不同方案。

和孩子一起完成的活动

| 儿童活动 18：通过直面恐惧来克服恐惧 |

请提醒孩子，焦虑常常会改变我们的选择，或是让人难以进步。告诉孩子，恐惧情绪很顽固，只有挺身面对才能将其击退。跟孩子讲讲儿童训练手册中莫莉的故事。你要鼓励孩子思考的方向是，拆解莫莉的恐惧问题，让她慢慢地向高处移动。你们需要不断练习如何解决别人的问题，直到孩子能熟练拆解恐惧问题，并能偶尔直面自己低水平的恐惧问题。可以借用以下案例：

- 杰夫从不去公园或院子里玩，因为那里可能有蜘蛛；
- 阿德里安娜怕黑，睡觉时要开灯。

向孩子解释，在你的帮助下，他要开始直面恐惧了。一些孩子比较关心会被要求做什么以及有多困难。与孩子沟通时，需要强调以下几点。

- 你可以自己制定阶梯法方案，每一级任务都是协商出来的，会先从你能完成的事起步，所以不会太难。你变得更有信心后才会开始更难的任务，那时这些任务也会变得简单了。
- 在你有信心完成这件事前，每项任务都需要进行多次练习。
- 在完成任务时，如果在某一级上停留许久且多次练习，就能缓解焦虑情绪。
- 只要你在阶梯法方案中越攀越高，就能持续获得奖励。

▎儿童活动 19：制作恐惧与担忧问题清单 ▎

与之前类似，你需要帮助孩子制作恐惧与担忧问题清单。在开始前，你先读一读本章前文拉希的案例会有所帮助。这样孩子就能明白，每个恐惧问题的等级都可能不同，有的条目分数较低，意味着不那么令人害怕；但有些条目分数较高，意味着可能会非常困难。

▎儿童活动 20：制定阶梯法方案 ▎

接着拿拉希来举例，让孩子了解拉希与母亲分离的恐惧如何被整合到阶梯法方案中。请强调，拉希在所有任务上都付出了努力，她完成每级任务都会获得奖励，也都需要反复练习，直到拉希不再被那个问题困扰，才会开启下一步。请按照以下步骤帮助孩子制定阶梯法方案。

- 设置一个可操作性目标。
- 列出你能想到的、解决这个焦虑问题的所有任务条目。
- 给每级任务标出焦虑等级（这个步骤通常有用，但并非必要）。
- 从清单中选取足够多的条目，其等级要包含全部焦虑等级，且相邻两级任务之间的分差不能超过两分。

- 把这些条目按照从易到难的顺序排列成阶梯，完成阶梯法方案。
- 与孩子讨论每一级任务相对应的奖励。请记住，奖励的大小与任务的难易程度要相匹配。

完成方案后，要表扬孩子迈出了直面恐惧的第一步。

▎儿童练习任务 4：通过直面恐惧来克服恐惧▎

拿起这个阶梯法方案（以及你们制定的其他方案），孩子需要承诺即将开启第一级任务。跟孩子讲好，要在何时、何地、以何种方式完成。也可以尝试计划二级任务及未来的任务，但必须建立在前一级任务已经完成的基础上。在开始下一级任务前，孩子在本级任务中的焦虑情绪需至少有一定程度的缓解。请和孩子一起先制订初步计划，然后在未来一周实施。

使用表格计划并记录（各列从左至右依次为：我需要完成哪一级任务，何时开始；我会用哪些应对策略；前后焦虑等级；我从中学到了什么；我得到了什么奖励），对跟踪方案的进展十分有用。可以简单地画一张表格，或是从儿童训练手册中找到这个表格。其中，第二列可以提醒孩子，在执行中可以使用其他焦虑调控技能（如侦探思维法）。写下计划后，需要根据计划的时间，跟踪每一级任务的完成情况。理想的情况是，孩子每天完成一到两项任务（还是要提醒父母，在开启下一级任务前，孩子可能需要连续四天都重复练习某一级任务）。

在让孩子计划并记录每一级任务的完成情况的同时，你也要记录在此期间取得的成就、遇到的挑战和困难。可以借助父母活动 13 中提供的表 5-3 来完成这个任务，它可以帮助你找到问题出现的规律，或许还能帮你找到解决方案，也可以提醒孩子他取得了哪些成就。

父母活动 13：监控方案的进展情况

监控完成任务的情况尤为重要，请使用表 5-3 记录阶梯法方案实施情况。

表 5-3　　　　　　　　　　阶梯法方案实施情况记录表

需要完成的任务	遇到的困难	取得的成就

本章重点

在本章中，你和孩子学到了：

- 要克服恐惧，就必须先直面恐惧；
- 直面恐惧的最佳方式是，把恐惧问题拆分为不同任务，每级难度依次增加；
- 制定阶梯法方案需要完成以下步骤：
    - 设置一个可操作性目标；
    - 列出你能想到的、解决这个焦虑问题的所有任务条目；
    - 对每级任务标出焦虑等级（这个步骤通常有用，但并非必要）；
    - 从清单中选取足够多的条目，其等级要包含全部焦虑等级，且相邻两级任务之间的分差不能超过两分；
    - 把这些条目按照从易到难的顺序排列成阶梯，完成阶梯法方案。
    - 与孩子讨论每一级任务相对应的奖励。请记住，奖励的大小与任务的难易程度要相匹配。

- 可通过改变任务类型、当事人（或人物类型）、任务地点、在场时间或事前准备期长短等，拆解出各级任务；
- 在开始任务时，提前计划很重要，跟踪取得的成就及遇到的困难也很重要。

孩子需要完成以下任务：

- 在父母或其他成年人的帮助下完成儿童活动的任务；
- 试着完成阶梯法方案中第一级任务或前几级任务；
- 完成每级任务时，尝试使用侦探思维法来缓解焦虑。

第 6 章

简化版侦探思维法与进阶版阶梯法

到了这个阶段，孩子应该正在直面恐惧、挑战自己，结合使用侦探思维法，在执行阶梯法方案的过程中逐渐升级。本章将教给孩子一种新方法，让侦探思维法变得更简单便捷，还会介绍一些关于阶梯法的技巧。在孩子调控恐惧的过程中，可以用这些技巧应对不必要的麻烦。

你心中的侦探思维法

为了让孩子更好地掌握侦探思维法，简化步骤有很多好处。这样，孩子在焦虑时就不需要每次都填写整张侦探思维法表格。面对新的焦虑问题，尤其是非常棘手的问题，完整的操作流程（也就是使用完整的原版）依然重要。不过，你也会发现，孩子的许多焦虑问题一成不变，周而复始。遇到这种情况，由于孩子已经多次使用过侦探思维法，而且一切顺畅，因此可以改用简化版本寻找证据。

虽然在使用侦探思维法时有多种类型的证据可以查证（如过去的经验、其他可能的结果等），但我们发现，很多人对某一两类证据特别敏感，它们的效果也最好。例如，孩子可能会认为，问自己"上次发生了什么"是让他平复焦虑型想法的最佳方式；或者"思考过去的经验"对孩子没多大用处，但"寻找其他解释"通常事半功倍。在找到最适合孩子的提问方式和想法后，侦探思维法的效率就会大大提高。如果孩子发现某一两类提问或思维方式效果较好，就可以将其做成提示卡，在焦虑时辅助自己思考或自我提问，这样一来，独立调控焦虑就变得容易多了。例如，如果孩子发现，遇到需要在别人面前发言的焦虑型场合，自问"贾尼丝会怎么想"（贾尼丝是他的好朋友，特别自信）尤为有效，就可以把这个提问写成小卡片，放进文具盒里，以便在回答课堂问题时用到。在卡片的另一面写上与求实思维相关的陈述，如"许多小孩都会答错，没关系"等，这样在感到焦虑时就有了双份提示。重要的是，孩子不必再依赖你或其他成年人的帮助,就能用好这些提示,以便简单又迅速地平复情绪。

使用这个技巧,需要牢记两个重点:(1)这个技巧并不适用于所有人,它只有在孩子找到应对焦虑的规律后才会发挥作用;(2)起效的前提条件是,孩子已多次完成完整版侦探思维法,真正信服证据,并知道来龙去脉。

最后,即使孩子还没有完整地操作过侦探思维法流程,而是刚开始试着识别自己的冷静型想法,这个技巧也依然有用。正如前文所说,你可能已经发现,某几种冷静型想法就是孩子的灵丹妙药,也可以将其做成提示卡,辅助孩子实事求是地思考。

制定进阶版阶梯法方案

阶梯法是克服恐惧并战胜焦虑的必要武器。有些恐惧问题非常具体,很容易拆分为一系列实操任务。例如,怕狗的问题可以通过调整任务中狗的体积、距离狗的远近以及狗的活跃度来拆分每一级任务。同样,分离焦虑问题也可以通过调整分离时长、分离时段或主要抚养人的身份等因素来拆分。不过,一些焦虑问题拆分起来难度较大,因其不够具体,故方案的设计经常令人无从下手。在这个部分,我们将介绍新方法,以解决这类较为复杂、不够直观的恐惧问题。

制定阶梯法方案需要知道什么

针对不够直观的恐惧问题,在制定阶梯法方案的第一阶段,可以提出两个问题来帮自己厘清孩子恐惧的源头。

问题1:孩子到底在怕什么

虽然这句话听上去很蠢,但想象一下,你有个女性朋友害怕坐飞机,她将其称为"乘机恐惧"。如果为她制定一套阶梯法方案,那么步骤可能是这样的:先让她阅读与飞机有关的书籍,然后让她前往机场,登机,接着完成起飞前的准备,最后开启飞行之旅。这个方案目前看似可行,但假如不起作用,就需要考虑害怕乘机可能涉及几种不同的恐惧问题:有的人害怕飞行本身,他们担心飞机会坠毁;有的人害怕坐在狭窄的座位上,他们其实是有幽闭恐惧问题;有的人害怕飞机飞太高,因为他们恐高。因此，如果你的朋友害怕飞太高，那么阅读与飞机有关的书籍以及在飞机落地的情况下登机，这些做法都毫无用处。就算这不是她第一次坐飞机，也还是会害怕，因为她并没有通过阶梯法解决恐高这个真正的问题。由此可见，在制定进阶版阶梯法方案前，需要了解这个人到底在害怕什么，否则就是水中捞月。

和孩子一起找到他在某个情景下的恐惧的源头也很重要，但如果孩子不能告诉你问题所在，就会比较棘手。有时，需要借用孩子可能害怕的不同事物进行试探，直到找到导致焦虑飙升的真凶。这是个试错过程，窍门就是让孩子想象一系列问题。换句话说，可以要求孩子闭上眼，想象你陈述的场景，然后让孩子说出他有多恐惧。接着，可以通过各种方式变换场景，锁定孩子害怕的事物到底是什么。例如，拿刚才害怕乘机的朋友的例子来讲，可以让她想象自己正坐在靠窗或靠过道的位子上，如果她害怕的是飞机坠毁，二者就没有差别；但如果她害怕狭小的空间，那么在让她想象自己挤在靠窗位子时，她就可能感到更强烈的焦虑。同样，如果她说相比盯着前排座椅，眺望窗外更让她感到害怕，就说明恐高才是真凶，因为她在眺望窗外时能看到飞了多高。

当你考虑如何向孩子抛出问题时，要确保自己站在孩子的视角思考那个情景，因为儿童对某个情景的理解和你的理解存在相当大的差异。例如，假设你准备带孩子第一次体验雪国之旅，孩子从没见过雪，又喜欢度假，因此很兴奋。当你们把车开上山，孩子看着窗外，心情变得很糟并开始大哭，你们不得不返程。对你来说，在这个地方开车没什么可怕的，因为你之前也开过。但对孩子来说，他面对的都是新事物：路旁高耸的岩石、一块巨石滚落到一侧、"小心落石"的告示牌、奇怪的衣服和装备、车轮防滑锁链发出的噪音、鹅毛大雪，这些和旅游手册里的照片很不一样。从你的视角来看，这些画面都早有预期，但这里的很多事物都让孩子心生恐惧。请花点时间从孩子的视角观察，这能帮你厘清孩子面对的情境。

问题 2：孩子到底在回避什么

在知道孩子害怕的源头后，你还需要更进一步地核实孩子因恐惧在回避什么。如果孩子只是表现出焦虑行为，那就很难办。有焦虑问题的儿童会问许多问题，这其实是一种回避未知情景的行为，他在追求完全确定性。你可能认为孩子只是杞人忧天，但制定阶梯法方案就需要从回避行为的角度思考，并且意识到孩子正在回避的对象是一切未知或无法计划的事物。

类似地，孩子可能过于完美主义，做事效率低，经常反复核查。这时你需要思考，孩子到底在回避什么？他多半是害怕犯错。如果孩子总是循规蹈矩，追求毫无差错，那么可能是在回避麻烦。每种恐惧都对应着各种可能性，关键在于要去了解孩子不同行为的动机。如果你拿不准，就多问问自己："孩子现在为什么要这么做？他到底在回避什么？"

知道了孩子恐惧的源头，了解了他一直回避的事物，就可以开始制定阶梯法方案了。下文列出的技巧可以帮助你设计出合理的方案，进而处理那些难以把控的恐惧问题。

制定方案的技巧

反应预防

我们都知道，回避行为是指不去做某事，例如，孩子因为害怕与母亲分离而不愿上学，这很好理解。但在某些情况下，回避行为是通过完成一件事来回避另一件事实现的，这类行为理解起来有难度，而且不易鉴别。

案例

有个孩子害怕窃贼夜晚破门而入，每晚睡前都会一遍遍地检查门窗是否锁好。在这个案例中，孩子一直做的事是反复检查家中防盗装置，这其实是一种回避行为，即回避窃贼闯入。

* * *

有个害怕病菌的孩子，不愿触碰某些肮脏的物品。不去触碰是一个明显的回避行为，但他还会反复洗手，怕自己碰过不干净的东西。在这里，孩子一直做的事是洗手。但事实上，不管是不做某事（避免接触肮脏的物品），还是做某事（反复洗手），二者都属于回避行为，都是为了避免与病菌接触。

对于某些恐惧的事，孩子会为了回避它而去做另一件事，比如，反复检查门窗的锁。遇到这种情况，需要循序渐进地阻止孩子的行为。在制定阶梯法方案时，应将预防此类行为设为任务条目。我们称之为反应预防（response prevention），即阻止孩子重复让他感觉舒服的行为。此类疗法被广泛用于强迫症儿童，对于有其他恐惧问题的儿童（如极度完美主义或渴求过度抚慰的儿童）也同样适用。针对这些问题，在设计阶梯法方案时可将抑制这些行为或降低其频次定为目标。

案例

库尔特害怕手上沾染病菌，因此每天都会花大量时间反复洗手。洗手时，还有一套必须遵循的流程：先把双手洗一遍，然后清洗手臂下半部分，最后再洗一遍双手。第一轮清洗后，库尔特会清洁水龙头，确保自己不会在关水时接触到病菌。然后会再洗一遍手，关上水龙头，从柜子里（开柜门时用脚）取出干净毛巾擦干。整个过程需要花三到八分钟，且他每天都需要这样清洗很多次。在阶梯法方案中，每一级任务都建立在上一级任务基础上，因此，当他开始做第二级任务时，也要继续第一级任务。

库尔特的目标：不再一直洗手。

- 第 1 阶梯任务：用挂钩上的毛巾擦手。
- 第 2 阶梯任务：洗手时不清洗手臂，只到手腕。
- 第 3 阶梯任务：清洗好水龙头后，只用水冲一遍手，不用再打香皂。
- 第 4 阶梯任务：只洗手，不再清洗水龙头。
- 第 5 阶梯任务：等到吃饼干前再洗手。
- 第 6 阶梯任务：开关家里的每一扇门，然后去吃三明治。
- 第 7 阶梯任务：打完篮球，脱掉鞋子，然后跟母亲一起做饭并吃饭。
- 第 8 阶梯任务：上完卫生间后，吃塔可，把手指上的酱汁舔掉。
- 第 9 阶梯任务：只在洗澡时洗手。
- 第 10 阶梯任务：坚持 48 小时不洗手。

有强迫症的孩子需要在阶梯法方案中付出更多努力，以达成超越大多数人日常行为的任务。例如，针对库尔特害怕病菌的问题，其中一个任务可能是让他手上沾几滴尿液，但不急着清洗。大多数人肯定不想这么做，但其实没什么危险。然而，想要完成这项训练，有强迫症的孩子就需要一直练习，直到这件事不再让他害怕。

针对那个睡前必须多次检查门窗的孩子，可以制定以下的阶梯法方案。

目标：不检查门窗就上床睡觉。

- 第 1 阶梯任务：检查所有锁，但只检查两次。
- 第 2 阶梯任务：检查所有锁，但只检查一次。
- 第 3 阶梯任务：按照与平时不同的顺序，检查所有锁。
- 第 4 阶梯任务：只检查门锁。
- 第 5 阶梯任务：让家人检查门窗是否锁好，只能询问结果。
- 第 6 阶梯任务：让家人检查门窗是否锁好，不能询问。
- 第 7 阶梯任务：直接上床睡觉，不再检查。
- 第 8 阶梯任务：在故意没锁门的情况下上床睡觉。

以上两组方案有两个共同点：(1) 做事的顺序被更改；(2) 不允许以他习惯的频率做事。这种方法也适用于渴求抚慰和坚持完美主义的孩子。

下面的阶梯法方案旨在减少孩子询问家庭作业的次数。

目标：在 20 分钟内完成家庭作业。

- 第 1 阶梯任务：母亲陪我做作业，每做完一道题就问母亲一次。
- 第 2 阶梯任务：母亲陪我做作业，让母亲检查前，先做完五道题。
- 第 3 阶梯任务：完成作业，把问题留到最后。
- 第 4 阶梯任务：完成作业，母亲可以帮忙检查，但只更正拼写错误。
- 第 5 阶梯任务：完成作业，只粗略再重写一次。
- 第 6 阶梯任务：直接在作业本上写完作业，不打草稿。
- 第 7 阶梯任务：在 40 分钟内完成作业，不能检查。
- 第 8 阶梯任务：在 20 分钟内完成作业，不能检查。
- 第 9 阶梯任务：只花 10 分钟完成作业，然后上交。
- 第 10 阶梯任务：整周都不练习单词拼写。

阶梯法方案中往往会包含反应预防任务。有一些典型案例可供参考：不和父母一起睡、阻止孩子不停地按某种规则摆放物品、出门前盖上镜子防止孩子检查仪容、不准孩子睡前谈论焦虑的事。

结果暴露法

许多焦虑的儿童都会高估所怕之事的严重性，因此产生恐惧，这会导致其完全不敢尝试新事物或谨言慎行，以此来规避灾难发生的风险。例如，孩子在外出时过度关注朋友的穿着，以确保自己看起来不会不一样。在广泛性焦虑障碍和社交恐惧症患儿身上，这类恐惧尤为常见。为了克服恐惧，孩子需要承担潜在的风险。这样一来，他们就可以认识到这样的事实：害怕的事不太可能发生；即使真的发生了也不是什么坏事，生活还会继续。

案例

一个孩子因害怕和别人看起来不一样，所以对穿着过度敏感。她需要冒险，做不一样的打扮，而不是死盯着别人。

目标：外出时不再为外表而烦恼。

- 第1阶梯任务：去上学时，任由袜子皱皱的，不去拉平。
- 第2阶梯任务：去上学时，留一些碎发在马尾外面。
- 第3阶梯任务：去上学时，任凭头发杂乱，不去梳理。
- 第4阶梯任务：去上学时，没把T恤扎进裤子里。
- 第5阶梯任务：去拜访朋友时，穿着昨天穿过的衣服。
- 第6阶梯任务：和朋友去逛商场时，穿着去年过时的衣服。
- 第7阶梯任务：参加学校运动会时，只穿日常服饰。
- 第8阶梯任务：野餐时，只穿牛仔裤和旧T恤。
- 第9阶梯任务：参加学校庆典时，只穿牛仔裤和旧T恤。
- 第10阶梯任务：逛商场时，穿运动服，任凭头发乱七八糟。

在这个案例中，这个女孩认为衣服有"问题"，是因为这些衣服让自己显得不一样，她觉得不太得体。因此，父母需要花很多时间来与她商讨她需要冒哪些风险。在实施阶梯法方案时，父母逐渐发现她有些回避的小动作，比如在已经穿破的衣服上喷香水，于是不得不调整方案，继续执行，帮助她进步。

对于因不敢犯错而回避的孩子来说，结果暴露法就很适合。这类孩子做事很慢，需要一遍又一遍地检查。制止孩子再去检查（反应预防）或让他快点完成都是很好的开始，但这还不够。这个方法会让孩子知道，他本来就很严谨，即使不检查也不会做错。然而，为了达到调控焦虑的目标，孩子还需明白，即使犯了错，也不至于像世界末日那么严重。因此，阶梯法方案中必须包含"犯错误"的任务，也就是说，孩子需要直接暴露在错误导致的结果面前。在第5章乔治的案例中，介绍过关于接纳自己犯错的阶梯法方案。

让孩子暴露在结果面前，有一点非常重要：让孩子使用侦探思维法，启发他认识真实的结果。否则，哪怕是完成了方案中的不同任务，孩子的焦虑情绪也不会缓解。有时，孩子坚信事情的后果很糟糕，而事实并非如此。因此，在完成一级任务后，追加运用侦探思维法就很关键。如果孩子从不犯错，但突然开始犯错，这时让老师提前知道你的安排就十分必要。你会希望老师注意到，并且让孩子体验到适当的结果，但又不希望老师反应过度，对此失望或生气。只有孩子在完成阶梯法方案的高阶部分后，才能在以后做到妥善应对老师的强烈反应。

直面校园情景

在校园情景下，孩子的许多恐惧问题会加剧，尤其是社交恐惧问题。因此，应对此类问题的阶梯法方案需要在学校情景下执行，孩子在这个过程中会遇到许多阻碍（如任务自查、即时奖励及其他孩子造成的未知因素）。

为校园情景制定阶梯法方案

校园情景的阶梯法方案必须简单易做，以便孩子能独立完成。通常情况下，孩子只能做到每天完成一个任务（这个任务在当天可以进行多次）。为起到有效的提示作用，可以把当天的任务写在一张纸上，放进孩子的午餐盒或作业记录本里，提醒孩子做好哪些细节。任务应该明确要做什么（如申领一个球）、和谁一起完成（如向老师申领），以及何时去做（如课间休息时）。校园情景下的阶梯法方案需要提前调查任务的可行性，例如，如果目标是不为违反校规而焦虑，任务是走出规定的运动区，你就需要知道哪里是"禁区"，并在任务中明确。否则，大家会对这个孩子到底有没有完成这个任务而感到一头雾水。

请老师参与

在实施校园情景的阶梯法方案时，请老师参与将大有裨益，而且老师通常都特别乐意帮忙。如果任务涉及回答问题等课堂行为（老师需要在他举手时给予回答机会）、故意犯错或违反规定（忘记去图书馆还书），老师的参与就更为重要。以上述案例为例，你想让孩子体验"忘事"的一般后果（如忘写日程提醒或没能及时还书），但你又不想让孩子因初次违逆而被老师在全班同学面前呵斥。在与老师协商时，你需要考虑老师的难处，要尽量选用方便老师执行的任务，以免打乱课堂秩序。或许，老师还会提出你可能没有想到的方法。

老师还可以帮你监督任务的完成情况。例如，给有社交焦虑的孩子设计一个任务，让他不去整理T恤，一整天都皱巴巴的。你可以在当天早晨给班主任一张便条，告知当天的任务，请其帮忙在便条里回复孩子是否完成了任务。这样，班主任就能知道这件事，但孩子仍需面对被其他老师批评的风险。通过老师了解任务完成情况，能帮助你清楚地看到孩子的进步，并了解需要调整的地方。

有时，你也可能会遇到不愿配合的老师，这样的老师可能认为孩子没问题，也可能认为这种事情不是老师或学校的责任，甚至还可能会认为你是个麻烦精。遇到这种情况，最好不要让这位老师介入，要么靠孩子的诚信，要么找一位能理解你的老师帮忙，或许还可以找学校顾问给予支持。

校园情景中的奖励

记住，即时奖励最有效，最好在校园情景中也让孩子获得奖励。可以在孩子完成任务后由老师分发特殊零食奖励，或者回家后用奖券兑换奖励，也可以鼓励孩子争取奖状等学校奖励。关键之处在于，奖励需保证一致，并贯彻始终。

其他孩子

在学校里完成任务还涉及其他孩子，或至少涉及他们的行为反应，这也是孩子需要面临的风险。孩子可能会遇到答错问题被人取笑等消极事件，因此，要与孩子讨论可能出问题的地方，并告知这意味着什么。可以将这个问题纳入侦探思维法环节，思考事情可能出现的最坏结果。有时，还可能涉及孩子特别不擅长的社交技能，例如，如何妥善应对他人的戏弄。如果出现了这种情况，那在实施任务前先练习此类技能就很重要。学习社交技能和培养果敢力的内容请看第8章。

过度学习

当个体极度恐惧但勇于面对结果时，学习效果就能在完成阶梯法任务的过程中得到强化。完成预想中最可怕的事，或者完成看上去"非常疯狂"的事，孩子就可以收集到扎实的证据，表明哪怕发生最坏的情况也没什么大不了的，时间会抚平一切。在前文反应预防部分，最后几项任务（如48小时不洗手）通常是多数人不会做的。不过，只要孩子能完成，就肯定不再像以前那样害怕了，这就是过度学习（overlearning）。举个例子，一个害怕出糗的孩子穿着父亲宽大的衣服去购物中心，或是一个害怕犯错的孩子故意在考试中答错所有题目。后者也是在要求你，放下"孩子必须始终表现优良"的执念。孩子最终可以汲取的经验是，即使真的"搞砸了"，最坏也不过是考分低或期末报告不够优秀，而这些结果在阶梯法方案开始前就已让孩子担惊受怕了。一旦孩子知道了世界不会终结，就不再退缩了。他还会认识到，错误可以被克服，坚持不懈才是价值所在。过度学习法并非学习焦虑调控的必需技能，但能明显减轻恐惧和担忧。当孩子设法做那些曾被视为"非常疯狂"的事时就能获得自由感，这份感受与所付出的努力相比，绝对是值得的。

自发性练习机会

随着孩子逐渐自信，习惯了阶梯法，就会开始遇到自发性练习（spontaneous practice）机会。自发性练习机会是指儿童在生活中偶然碰到的机会，能练习直面恐惧，但这些机会不在阶梯法方案中。例如，如果孩子害羞，并且有陌生人社交恐惧问题，有一天你们在公园里，看到另一个孩子在独自投篮。虽然这不是方案中的任务情景，但你应鼓励孩子抓住这个机会和那个孩子一起玩，把它当成一次练习。如果孩子犹豫，那么别忘了提醒他使用侦探思维法，并对孩子自发练习的行为给予可观奖励。也有一种可能，即遇到的情景难度高于孩子的当前水平。如果孩子乐于尝试，就应该给予鼓舞和奖励；但如果孩子真的很担心，那么也不用强迫，因为此事对他来说太难了。

其他资源

要想扩充阶梯法方案的内容，还可以借用社区、家庭和学校系统的资源。如果孩子正在磨炼新技能，而只要给孩子解释这些与技能相关的基本概念，他就能马上明白，那么大多数人都很乐意提供帮助。不过，你得劝说祖父母以及其他人，在这种情况下别插手太多，让孩子去体验克服恐惧过程中的焦虑情绪。在某些情况下，店员、公园员工或汽车乘务员都是重要的资源。

| 父母活动 14：直面你自己的恐惧 |

我们在第4章"示范勇气和非焦虑行为"的部分讨论过，给孩子树立榜样，最好的做法就是积极应对你自己的恐惧。还有个更好的方法是，让孩子帮你设计阶梯法方案，或帮你查找证据。提出一个你恐惧的问题，然后和孩子一起努力克服。你们需要使用熟悉的任务和材料，让孩子参与你克服恐惧的过程，这能帮助你们把担忧和恐惧情绪正常化。这个过程也能让孩子看到调控恐惧的好处，可以大大提升孩子的自信心。因为孩子觉得自己可以像专家一样帮助父母，这是一种赋能的体验。快和孩子一起互相督促吧！在一周开始时，可以一起制定目标；在这周结束时，互相查看成就。你们可以一起监控方案进展情况，设置特别奖励（你选的奖励可以是孩子早晨为你沏一杯茶，让孩子参与得越多，效果就越好）。

和孩子一起完成的活动

| 儿童活动 21：你心中的侦探思维法 |

孩子已经花了几周练习侦探思维法，现在就可以和孩子一起找出最有效的提问方式和想法。让孩子把这些内容写在小卡片上（你需要多写几张），在不同场合都带在身边（如一张放进文具盒里带到学校，一张放在床旁边）。根据引发焦虑的具体情景，可以调整每张卡片内容的针对性。

｜儿童活动 22：修订你的阶梯法方案｜

执行方案两周后，父母和孩子都进一步理解了运行机制，此时就是修订孩子的阶梯法方案的好时机。请和孩子一起分析第一个阶梯法方案，看看其中的任务条目是否符合以下要求。

- 任务具备可行性。接下来的几级任务能完成吗？你和孩子都清楚地知道任务内容吗？
- 任务之间的量化分数相差不会太小或太大。随着时间的推移，任务的焦虑等级可能会发生变化，因此需要核实后续任务的评分等级。如果下一级任务对孩子来说非常容易，那么或许只需要练习一次就可以接着完成下一级任务；如果看起来太难，就需要在之前加入一级过渡性任务。
- 任务之间紧密相联。为了能从易到难地高效完成任务，每级任务之间需要密切相关，必须对应同一类恐惧问题。

如果在过程中发现了问题，就和孩子一同调整任务，克服障碍。

｜儿童活动 23：制定新的阶梯法方案｜

针对不同类型的恐惧问题，可能需要两三个甚至更多阶梯法方案，那就开始制定针对孩子其他主要恐惧问题的方案吧。请确保找到孩子认为最严重的问题，你认为不是优先选项的问题，可能是孩子认为最困扰他的问题。随着孩子的信心不断增强，会有时间去解决你所担心的其他恐惧问题。

请按照你们第一次制定阶梯法方案的步骤（详见儿童活动 20）来完成。

儿童练习任务 5：执行方案

孩子需要持续练习方案中的任务。可以写下任务内容、时间和应对问题所需的技能。应该在每周开始时制定，以确保方案顺利实施。请记住，完成这些任务的决策权主要在孩子手里。如果进度太慢，可以讨论任务的选择，但仍要确保孩子对此有控制感；如果孩子不想完成某个任务，就意味着难度太高，需要插入过渡性任务。练习时，孩子应使用新的提示卡片，必要时，继续使用侦探思维法和问题解决策略来缓解焦虑。

本章重点

在本章中，你和孩子学到了：

- 对于孩子为减轻恐惧而出现的替代性行为（如过于频繁地检查作业或一直洗手），要制定阶梯法方案来解决，可以包含反应预防，即阻止孩子使用那些由恐惧情绪诱导的问题行为；
- 制定阶梯法方案，使孩子暴露在恐惧的结果面前，例如，做些不一样的打扮，或是犯错，以帮助孩子明白，他能绝地逢生；
- 校园情景的阶梯法方案需要考虑的要素包括让老师参与、给予奖励，以及对其他孩子的反应要提前做好心理准备；
- 利用自发性练习机会来帮助孩子直面恐惧，并从中获益；
- 找到最有效的提问方式和想法；
- 需要定期复查任务是否难以操作、是否太宽泛、太细碎或不符合主题；
- 针对孩子的每个恐惧问题，继续制定新的阶梯法方案。

孩子需要完成以下任务：

- 在父母或其他成年人的帮助下完成儿童活动的任务；
- 练习阶梯法方案中的任务，开启新方案中的任务；
- 开始以提示卡为辅助，高效使用侦探思维法，在遇到新的焦虑问题或难度较高的问题时使用完整版侦探思维法。

第 7 章

阶梯法方案障碍排查

学会调控焦虑，任重而道远。在克服焦虑的策略里，阶梯法是最重要的一种方法，但阶梯法方案在实施过程中常会遇到障碍。这并不意味着你会伤害到孩子，而是说方案的实施有时卓有成效，有时又收效甚微。现在讨论在使用阶梯法时可能会遇到的障碍及破解方法。

停滞不前

无论是劳有所获还是他人的鼓励和赢奖机会，都会让大多数孩子享受阶梯法方案实施的过程，孩子也会因此而飞快进步。不过，也有些孩子可能会觉得举步维艰，有违所愿，可能会在某一级任务上停滞不前，甚至想放弃整个方案。如果你的孩子是这种情况，那么你可以尝试以下思路。

首先，反复练习孩子已经成功完成的前几级任务，总结他取得的进步。称赞孩子付出的努力和取得的成果。这样多次反复练习，能够增强孩子直面恐惧的信心。

其次，针对这项新任务，重新使用侦探思维法进行评估。尤其要注意孩子是否有潜在的焦虑问题。只有解决这些问题，才能继续前进。

再次，使用头脑风暴，分析下一级任务如何被拆分为更小的小任务。如果孩子在前面的过程中一直进展顺利，而在此时突然深陷桎梏，那么这个思路就尤为重要。最可能的原因就是下一级任务难度太高了。

你也需要反思你在这个过程中扮演的角色，以及你对于孩子的进步抱有什么样的心态。有焦虑问题的孩子可能对父母的态度十分敏感，如果你担心下一级任务或不完全信服阶梯法，那么孩子也会很容易接收到这样的暗示，进而阻碍其进步。

此外，你还要问问自己这些问题：你是否一直在跟孩子讨价还价？对孩子的奖励，你一直都能说到做到了吗？你做到奖励前后一致了吗？你的奖励及时吗？对于孩子的努力，你表扬了吗？在回答这些问题时，你一定要诚实。如果你的奖励行为摇摆不定，也没有依照承诺给予孩子支持和奖励，就别指望他能认真对待这个项目。如果现在是这种情况，你就要亡羊补牢。

有时，你还可能会遇到这种情况：孩子在执行方案的过程中筋疲力尽，厌倦了一成不变的奖励机制。要想让孩子重启引擎，就要考虑给予其一点奖励。和孩子商讨，在那些之前设定好的奖励中，有没有他想更改的。在设置后续一两级任务的奖励时，选分量较重的奖励或许能重燃孩子的斗志。

最后，你还需要问自己这些问题：你是否担心过？在敦促孩子努力时，你的度在哪儿？你还要知道，一对父母中往往会有宽松型和严厉型两个角色，两人常常意见不合，或是一方想退出计划，这些情况都会抹杀孩子的积极性。请与配偶试着沟通并达成一致，以支持孩子。如果你发现很难变得严厉，很难敦促孩子，就需要使用求实思维法来处理你的担忧情绪。只要继续向孩子表达爱，敦促就不会让孩子恨你，也不会给孩子造成心理创伤。请记住，现在对孩子稍微"狠"一点，孩子未来才能强一分。

抚慰的需求

我们在第 4 章中讨论过抚慰的问题。尽管在焦虑儿童生活的方方面面存在着寻求过度抚慰的问题，但在阶梯法方案实施过程中这些问题会明显地暴露出来。你可能会发现，孩子会一直问"接下来会发生什么""你具体几点才能回来""你会好好的吗"等问题。作为疼爱孩子的父母，要无视孩子这些对抚慰的渴求实属不易。不过，还是要强调，不要在此期间给孩子太多抚慰。这不是说要你摆着臭脸、冷漠无情，而是需要耐心地鼓励孩子依靠他自己的判断。如果寻求过度抚慰是孩子比较突出的问题，就需要把它纳入阶梯法方案中。例如，可以鼓励孩子在好朋友家借宿一晚，这次允许他问你些问题，但在下次继续这个任务时就不允许问你任何问题了。或者，你可以回到第 4 章，重读忽视问题行为的内容。

案例

拉希一直在执行她的阶梯法方案——在关灯的情况下独自睡觉。她一直都做得很好，最后，她终于能在母亲关掉房间所有灯后，做到整晚一个人睡了。然而，她仍有一个焦虑的习惯亟待解决：每天晚上，拉希上床后都要喊母亲来房间，这样四五次后才肯入睡。有时，她会喋喋不休地问问题，如"你整个晚上都会在家吧""你检查过门窗了吗？锁好了吗""你会待多久"，母亲都一一作答，因为拉希有进步，她很开心。不过，母亲在不久后就意识到，必须解决拉希过度寻求抚慰的问题，因为这是在损耗拉希的自信心。于是，她和拉希一起讨论，如何把这些问题纳入阶梯法方案中。她们决定，一开始，拉希可以在睡前叫母亲两次。之后，母亲就不会再理睬了。在下一级任务中，拉希只能在睡前叫母亲一次。她们会在拉希上床前使用一遍侦探思维法，但上床后就不许再叫母亲了。最后，拉希只有做到上床前不寻求抚慰才能获得奖励。

妥善应对失败

相比其他孩子，有焦虑问题的孩子通常有一个格外灵敏的"失败探测器"，在他眼里，一项简单任务中的某个微不足道的挫折都会被放大为滔天大祸。这就是摧毁孩子自信的炸弹，而且还会加剧他对后续任务的焦虑，甚至让他觉得之前那些轻而易举的任务也很困难。许多有这种问题的孩子都很容易陷入消极自我对话（如"我好绝望，我就知道，我做什么都是错的"）的深渊。

如果孩子尝试了一个任务，突然觉得太困难，或是他做不到之前计划的那样，就可能把它当成一次彻底的失败。此时，你要帮助孩子使用侦探思维法评估努力后的成功或失败到底有多重要。角色转化法是特别有效的证据，换句话说，就是让孩子想象别人遇到同样情况时会说什么。请告诉孩子，在实施阶梯法方案的过程中，不存在真正的失败，每一次尝试都是学习的机会。要是无法完成某项任务就只能说明那个任务太难了，需要将其拆分成更简单的小任务。

事实上，还有一些有焦虑问题的孩子（尤其是有严重的完美主义倾向的孩子）会为成功而忧心，因为他们会默认下次必须更上一层楼，这就会使他们产生更大的压力。这样的孩子会淡化甚至完全拒绝取得的成就。

如果你的孩子也是如此，那么你需要和他强调，阶梯法方案的目的在于收获，而不是夺得头魁或做到最好。你还要再三提醒孩子，在阶梯法方案中，没有"失败"两个字，他只需尝试就好。你也可以针对孩子的完美主义问题制定方案。

负担太重

如果孩子极力取悦你，想成为完美小孩，就会产生另一类问题。这时，你可以察觉到，孩子只会选择那些难度特别大的任务。有时，你可能在鼓励孩子去完成越来越难的任务，还可能让项目进展过快，你很容易被这些激动的情绪冲昏头脑。

表扬孩子的积极性很重要。孩子乐于向困难宣战的确是件好事，但你也需要提醒孩子，每个人都是不一样的，此处并没有专门为第一名设置的奖励。如果任务太重，那么可能会导致孩子无法完成，继而丧失信心。回顾一下你们之前的清单，确保那些非常困难的任务已被拆解为更容易完成的小任务。

超速行驶

有的孩子可能会有出人意料的突破，也就是说，在直面他回避多年的一两个问题情景后突然迸发自信，立刻抛下了曾经的恐惧。如果你的孩子也是如此，那真的值得庆贺。

然而，对其他孩子而言，太快完成任务可能意味着并没有从中学到东西。一方面，可能是这些任务不够有挑战性，这时应该坐下来和孩子商量一些更有难度的任务；另一方面，可能是任务过难，导致孩子可能想赶快摆脱那个情景，也就不能理解"没有什么坏事会发生"。孩子还可能"作弊"，即没有完全投入任务中。遇到这种情况，父母只需鼓励孩子重来一次，但要进行更细致的讲解。例如，规定孩子在那个情景中待多久，或是指导孩子坐在什么地方以及要说什么话。

案例

乔治有严重的恐惧问题，他害怕参加派对，害怕和其他孩子打交道。实施阶梯法方案已有些时日了，他逐渐建立起了自信。刚好来了个机会——他被朋友邀请去参加一个派对。虽然乔治觉得很恐怖，但父母还是鼓励他试试看，并把这次聚会列入阶梯法方案中。乔治参加完派对，回到家，父亲问他感觉如何，他只说了句"挺好的"。他的语气让父亲觉得这一切似乎太简单了。于是，父亲让乔治坐下来，并问他在派对上做了些什么。乔治支支吾吾，最后承认他如约去了那个派对，但整晚都坐在角落看着大家。按照之前的约定，乔治参加了派对，所以他得到了奖励。不过，父母还说，下次务必和其他孩子交流。之后又有一个派对邀约，这次的任务不仅是参加派对，乔治还必须跟至少三个孩子聊天。这次回到家，乔治说任务很难，但也找到了一个同类，他们相处得很好。

反复

在执行方案的过程中，总有几天顺利，几天受阻，不可能总是一帆风顺。你要做的就是当好教练，鼓励孩子在任何时候都要尽力而为，永不言弃。状态不好的时候，可以重温已经完成的任务，先别急着去做新的、更有挑战的任务。既要奖励取得的成就，也要奖励孩子每次积极的尝试，这样才能激发他的毅力，鼓舞孩子承受住自以为的失败。

焦虑伴随的疾病

大部分父母和治疗师都发现，当有焦虑问题的儿童和青少年找借口回避某事时，他们都像小说家一样，头头是道，巧舌如簧。对父母来说，最常见的（有时也是最难解决的）问题就是，应对孩子在压力很大时抱怨自己生病了。当不确定病因时，孩子会说自己头疼或胃疼，这都很难处理。有时，父母或其他养育者还会对孩子抱怨的原因持不同意见。

如果你的孩子存在这种情况，那么你有必要先带孩子去看医生，排除身体疾病。

如果你和其他主要养育者对孩子抱怨的原因有异议，看医生这个步骤就很重要，也是解决意见不合的最佳方式。养育者之间达成一致想法是必要的，如果是离异家庭，孩子由双方轮流抚养，那么更容易遇到这些问题。所有涉及照看孩子的成年人都必须达成一致，学校老师和校医也包括在内。

如果家里有此类病史，那么孩子出现身体疼痛会令人特别焦虑，你需要先处理这些担忧。你也可以试试求实思维法，想一想：让孩子挑战恐惧的结果是什么？如果放任孩子的回避行为，是否会有更糟的结果？

案例

拉希经过一段时间的练习后，母亲认为是时候把她留给保姆，自己可以外出了。第一晚，母亲准备出门时，拉希大哭大闹，怒气冲冲，哭得太凶了，最后都吐了。母亲连忙取消了保姆的预约，待在了家里。此后，每当母亲想出去时，甚至有几次要上学时，拉希都吵闹肚子疼，说觉得恶心。其中几次，因为哭得太凶导致呕吐，拉希一直抱怨身体不适。

母亲先带她做了全面身体检查，医生的诊断结果是"一切正常，小女孩身体很健康"。从那以后，她就告诉拉希，不管身体是否难受，在完成阶梯法方案时，都必须严格按照约定好的计划执行。母亲联系了学校，和学校说好，如果拉希在校期间觉得恶心，那么可以带她去看校医并在校医室休息一下，然后再回到班里，但绝不会接拉希回家，除非她真的发烧了。

不久后，母亲收到一个聚会的邀约，她和拉希讨论了这件事，觉得是一次很好的练习机会，应该被纳入阶梯法方案。然而，在母亲准备参加聚会的那天晚上，拉希又开始犯恶心，还说肚子疼。母亲对她说，她理解这个任务有多难，她也很心疼女儿的病痛，但她无论如何都会去参加那个聚会。她跟保姆详细地说明了照顾拉希需要注意的地方，还强调只有在拉希发烧时才能给她打电话。拉希和母亲都熬过了艰难的一晚，第二天早上，拉希因为完成了这次任务而获得了一份很大的奖励。母亲又这样出去了两次，拉希还是一样抱怨身体不适。这绝非易事，但她们必须面对。

最终，在第四次时，母亲出门那晚，拉希不再觉得恶心了。即使她依然觉得害怕，但不再呕吐了，也没再抱怨肚子疼。为了祝贺拉希做到了，母亲第二天早上给了她一份额外的奖励。

聪明的花招

面对焦虑时，人们经常会有一些迷信举动，例如，戴上幸运符或特殊道具、穿上特定幸运服、哼唱某首曲子、嚼口香糖、举行特别仪式，这样就能缓解恐惧。包括球星和演员在内的成年人都会使用这些回避方式，有焦虑问题的孩子也经常这么做。

人们在面对令其恐惧的情景时，会用这类信念和行为来巧妙地进行回避。如果孩子使用其中一种，就容易面临这样的风险：孩子可能不相信他的成功是靠自己的能力获得的，反而会归功于特殊物品或仪式。

要想战胜焦虑，孩子就需要体验恐惧，实事求是地思考，切实评估危险等级，然后在体验中明白自己没必要担心。孩子一定要认识到，他之所以不再害怕，是因为危险并不存在，而不是幸运符或幸运袜的魔力在保护他。

被分离焦虑困扰的孩子会越来越依赖和父母的即时通信（如手机），这也是一种隐性回避行为。如果孩子一联系你，你就随时应答，就说明你也有焦虑问题，这种行为会导致孩子过度依赖。你不仅要分清安全问题与保持合理联络之间的界限，还要分清与分离焦虑有关的隐性回避行为和其他行为之间的界限。

在有强迫性恐惧的儿童身上，"保平安"的策略和迷信行为尤为常见。这类儿童在做某些事时常会自创一套难以捉摸的仪式或魔法，并相信这些能保护自己免受危险。例如，孩子可能会屏着呼吸、一直数到那个有魔力的数字、用特别的方式触碰物品、按特定规律移动脚步。这些事很隐蔽，你或许都没能意识到所有与仪式有关的行为。因此你在完成每一级任务后，最好问问孩子："你是不是本来可以用另外一种更有难度的方式来完成这个任务？"要确保有些任务不许借助仪式来完成。

在用冥想应对焦虑的孩子身上，隐性回避行为也经常会发生。如果孩子在完成任务时正在服用抗焦虑药物，那么他很有可能会认为"我能做成这件事完全是靠服药"。

这时，孩子并不能树立自信，反而会认为自己只能依赖药物来应对焦虑。

护身符、辅助品或药物的存在并非主要问题，只是表明孩子需要在没有这些辅助的情况下重做任务。可以让孩子先在有辅助条件的情况下做一遍任务，然后再去除辅助，重复这个任务。以药品为例，孩子可能在完成焦虑调控项目的整个阶段或大部分阶段都要服药，如果焦虑问题明显改善，就可以在医生的指导下减少药量。在疗程结束后可以让孩子重新完成部分任务，让他相信这是他靠自己的力量完成的。

案例

针对害怕下水的问题，塔利亚执行阶梯法方案已经有一段时间了，她在游泳时也越来越自信。父亲有很强的参与意识，积极投入整个过程，和她一起练习了所有任务。塔利亚每次下水，父亲都会站在岸边看着她。塔利亚会按时向父亲挥手，也经常回望他。有一次，塔利亚在海边游泳，玩得开心极了。父亲离开一会儿去买了个冰激凌，回来时发现塔利亚在岸上号啕大哭。她对父亲哭喊："你跑哪儿去了？我可能会淹死的！"父亲突然意识到，塔利亚把他自始至终的陪伴当成了一种安全信号。因此，她只有在父亲的陪同下才敢到深水区。父亲和塔利亚讨论了这个问题，并做出这个决定：塔利亚需要在父亲离开的情况下重做大部分任务。第二次的训练速度快了很多，不久后，塔利亚对游泳的信心大增。

父母活动 15：回顾孩子前期直面恐惧任务的完成情况

浏览直面恐惧各项任务的记录，列出孩子取得的成就。

___

孩子因为这些成就获得了哪些奖励？

___

给孩子的奖励，哪些是因为他努力尝试而给的，而非成功完成才给的？

___

孩子在完成任务时遇到了哪些困难？

_____

你们可以如何克服这些困难？

_____

孩子在完成任务时，使用了哪些异常行为方式或借助了哪些他认为有魔法的物品？你注意到了吗？你是否问过孩子，这个情景在什么条件下会让他更害怕？

_____

孩子进步的障碍

除了完成阶梯法任务时会遇到困难外，还有其他障碍阻挡着孩子前进的步伐。以下将讨论一些可能出现的障碍。

没有在阶梯法方案上投入足够的时间

这个问题很常见，因为大部分家庭成员的生活都很忙碌。想要一直进步，就必须把阶梯法方案、侦探思维法和其他新技能的练习摆在优先级较高的地位，合理地安排到你和孩子的日常生活中。因此，持续练习的时间可能会被压缩。请记住，练习得越多，孩子就越能在生活其他方面自然而然地使用更多技能，他们的焦虑也会变少，将来可以独立使用焦虑调控技能。

父母没有足够的积极性给孩子提供充分机会练习各项任务

为了保持积极性，你还需要为自己准备奖励机制。你在帮助孩子调控焦虑的过程中尽心尽力，因此，你也需要奖励自己。回顾孩子记录的成就，能帮助你保持积极性。你需要让自己看到，每一个小成就都会在最终汇聚成璀璨的成功，而孩子正在这条路上。可以提醒自己（包括孩子）奋进的方向。如果使用焦虑调控策略解决了你不切实际的焦虑，那么你的积极性也会大大提高，因为你亲身感受到了积极效果。

未能有效把握敦促孩子的时机

要想把握敦促孩子的时机，就得相信孩子说的话。年龄较大的孩子能够告诉你，他因焦虑或不感兴趣而不愿做某个任务或去某个场所，但你先要孩子真实地表达自我。有时候，孩子会因为恐惧而说自己不感兴趣，例如，一个孩子受邀参加派对，但他如果跟其他孩子都不熟，就会因为担心而假设"这个派对太无聊"或"一点儿都不酷"。你需要认真思考，孩子是真的不感兴趣，还是其焦虑在作祟。你可能熟悉孩子身上的某些特别线索，知道他何时焦虑并担心，何时是真的不感兴趣，这些线索能帮助你区分二者。回顾项目第一周你发现的那些线索会有所帮助。如果你发现孩子的拒绝是因为焦虑，就要试着帮他排查这些障碍（如任务难度太大）。要一边温柔地敦促孩子，一边给予奖励，要将二者有机结合在一起。如果确定不了孩子是因为焦虑还是因为厌烦而不愿做某事，那么最好的方法就是拿这个任务挑战孩子。告诉孩子，如果他只是厌倦了这个任务，那么只需简单几步就能赢得奖励，这是多好的事啊！

父母贪图省事，全权操办

有时你会忍不住想掌控大权，别向这个诱惑低头！孩子一定能够独立地直面恐惧，请给孩子传递这个信号。要确保信号清清楚楚，不能前后矛盾。请记住，如果孩子的行为接近预期，那么也应该表扬或奖励。

父母不切实际的焦虑

有时，父母不切实际的焦虑也会成为孩子完成阶梯法方案和其他日常任务的障碍。你可以试着把教授孩子的焦虑调控策略运用到自己身上，或者寻求专业支持。你在努力直面恐惧的同时，也是在给孩子树立榜样，并向他传递强有力的信号——他也能调控好焦虑情绪。

被焦虑困扰的父母遇到的最大挑战就是，判断哪些事适合孩子独立完成，以及什么才是真正的危险，例如，让孩子从学校走回家、独自在家、参加派对等。这时，其他父母的说法可能很有用，找他们聊一聊，在孩子遇到相同情况时，他们会怎么做，向他们取取经。另外，别忘了使用求实思维法——寻找证据，分析哪些想法不过是杞人忧天。

父母不合理的信念或期望

你对事物持有的信念和期望，识别起来十分困难，因为它们长期蛰伏在你身上，你却浑然不觉。举个信念影响行为的例子，我们每天早晨都会自觉地煮咖啡，因为我们相信，没有它，我们就会萎靡不振。你的信念和期望也在影响着孩子的发展，例如，如果父母坚信权威人物更高一等，就不应该指望孩子克服焦虑、战胜恐惧，并敢于和校长对话。同理，有的父母可能会期待孩子在功课或运动等特定任务上做到无懈可击，因为他坚信孩子犯错是"不良行为"，还会折射出自己育儿能力的缺陷，这样的父母可能就不会把"犯错"列入阶梯法方案来解决孩子完美主义倾向的问题。

要排除此类信念或期望对孩子发展的干扰，就必须先要认识到它们的存在。可以针对信念进行求实思维训练，如果孩子的恐惧问题正好你也有，那么可以和孩子一起完成阶梯法方案。如果你认为这些信念和期望对孩子的发展让你感到无能为力，就应该寻求专业人士的帮助。

和孩子一起完成的活动

｜ 儿童活动 24：止步不前的时刻 ｜

和孩子谈一谈，在直面恐惧时有哪些常见的困难可以被克服，包括过难或过易的任务、含糊不清的条目、任务期内非常焦虑的想法、无效执行任务、忘记进度、自我奖励缺失、用迷信小花招来减轻焦虑（如只在一个朋友的陪同下听音乐或外出）等。帮助孩子通过以下方式找到可能的解决方法：

- 在任务准备期，使用学过的应对策略；
- 坚持如一，大量练习；
- 坚持记录（最大限度地确保每一级任务完成后都获得奖励）；
- 做到每级任务都烂熟于心或信手拈来，然后再开始下一级；
- 经常调整各级任务，以平衡挑战性和可行性。

儿童练习任务 6：执行阶梯法方案

跟之前一样，和孩子一起写下计划，安排未来数周需要完成的任务。另外，提醒孩子在必要时使用提示卡，运用侦探思维法和问题解决策略，多管齐下，调控焦虑。

本章重点

在本章中，你和孩子学到了：

- 对于执行阶梯法方案过程中的常见问题，解决思路如下：
  - 进退维谷时，修订阶梯法方案，重新评估奖励机制；
  - 减少孩子寻求过度抚慰的行为，确保孩子认识到独立应对的能力；
  - 使用侦探思维法来应对任务失败的情况；
  - 保证任务不会过难或过易；
  - 坦然接受过程中的曲折和波动；
  - 哪怕孩子假言身体不适，也要坚持执行任务；
  - 对于孩子借以缓解焦虑的"保平安"迷信策略，要时刻保持警觉。
- 阻碍进展的部分原因包括：
  - 没有在阶梯法方案上投入足够的时间；
  - 父母没有足够的积极性为孩子提供充分机会练习各级任务；
  - 未能有效把握敦促孩子的时机；
  - 父母贪图省事，全权操办；
  - 父母不切实际的焦虑；
  - 父母不合理的信念或期望。

孩子需要完成以下任务：

- 在父母或其他成年人的帮助下完成儿童活动的任务；
- 继续执行阶梯法方案，使用其他焦虑调控策略应对新发的恐惧和担忧（项目进展到现在，要不停鼓励孩子前进，在任务阶梯上越登越高）。

第 8 章

提高孩子的社交技能和果敢力

社交技能的重要性

大部分有焦虑问题的儿童其实都完全有能力结交朋友并与人互动，他们虽然看起来不擅长与人交流，但其实是疏于方法。有时，这会让同龄人甚至成年人对他们做出消极回应——忽视他们，拒绝他们，甚至嘲弄他们。你可以想象，在这种情况下，让那些本来就被焦虑困扰的孩子变得自信会有多难！

案例

乔治大部分闲暇时光都形单影只，哪怕在学校也是孑然一人。他几乎不和同学说话，午餐时间通常一个人去图书馆看书。有时，他在校园散步时会停下来看同学踢足球，但从未被邀请加入。事实上，同学根本没注意到乔治就站在那里。他渴望加入，但不知如何开口，也害怕被嘲笑或被拒绝。午餐后，他溜进教室，坐在最后一排，希望别被点名回答问题。他在同学面前不言不语，尽管他真的很喜欢科学课坐在他前排的女孩，也想跟她说话，但他想不出能说什么，也害怕自己说错，惹得一身滑稽。

老师在教室绕了一圈，向每个人征求校庆活动的点子。乔治想到一个好主意：摆放一个椰子摊位，谁能把椰子从架子上打下来，谁就能赢得大奖。轮到乔治分享建议时，他耷拉着头，只敢看着课桌喃喃自语，只希望自己能隐身。他试着向老师解释自己的想法，但说话声太小，任何人都听不清他说什么。于是，老师只好让下一位同学分享了。

放学后，乔治独自步行回家，有个同路男孩的文件夹掉了，纸飞得到处都是。乔治想去帮忙，但又不知道说什么好。于是，他只是飞快经过，留下那个男孩独自捡纸。

第二天，乔治在学校餐厅排队等候点餐，有个男孩挤到他前面，乔治怒火中烧。他想告诉那个男孩，让他排到队伍最后，但最后只能忍气吞声。

社交技能和果敢力为何重要

孩子要想成功，就必须面对各种情景。在这些情景中，有其他孩子，也有包括父母和老师在内的成年人。例如，在其他孩子在场的情况下，需要维持交谈、申请加入游戏或活动、邀请同伴一起玩或到家中拜访。孩子要有能力提出问题、建议游戏轮流制、表达赞赏、与别人分享玩具等物品，或是在受到不公待遇时维护自己的权益。孩子想结交朋友，希望被同龄人接纳，这些都是很重要的能力。

孩子还要学会与成年人社交，例如，能在必要时寻求帮助、伸出援手、表达自己的观点、找准说话的正确时机、提问、发起对话并保持交流。这座堤坝一旦打开，那些孩子必须掌握的社交技能就会像洪流般涌出。进入青春期后，他们还需要面对更多的社交场合，包括维系恋爱关系、通过工作面试、职场社交等。

这些用来顺利完成社交任务的技能被称为社交技能。我们的研究结果显示，部分有焦虑问题的儿童在诸多社交任务中的表现低于同龄人。究其原因，可能有两点。（1）有些被焦虑困扰的儿童过于害怕，导致这些技能无法施展。换句话说，孩子也许知道该做什么，但焦虑让他止步不前。（2）因为一些有此类问题的儿童缺乏与同伴互动的经验和实践，所以社交技能未能得到发展。很多有焦虑问题的儿童回避需要与人互动的情景，使得他们失去了不少练习机会。抛开这些理论解释，我们的研究结果已经说明，教授这些儿童社交技能，改善他们与别人的关系，这种做法大有裨益。有焦虑问题的儿童同时还伴有果敢力不足的倾向，果敢力是个体能够表达自我需求、在他人面前维护个人权益、为取得积极结果而坚持自我的能力。

社交技能层级

社交技能主要包括五个层级，呈递进式，即前项技能为后续技能的发展做铺垫。

肢体语言

眼神交流

要求：对话时要注视对方，传递自己在聆听和关注的信号，但又不能凝视。许多有焦虑问题的孩子回避眼神交流，常在与人交谈时低着头或看向别处。在对方看来，这种举动表示不友好或没兴趣。此外，聊天时有过多目光交流或过度注视也是一种问题，会让人不舒服。

姿势

要求：坐姿或站姿要适宜当下场合。某些动作可能会给别人留下糟糕的印象，如颓坐、弯腰驼背、突然从别人身边走开、身体过度僵直。

面部表情

要求：面部表情需要在不同的场合中相对得体。可以在与他人交谈时露出友善的微笑，偶尔做出伤心或生气的表情来合理回应特定情景。面部表情能告诉别人我们当下的情绪。在同龄人和成年人看来，厌世、生气、害怕的表情或不苟言笑都散发着不友善的气息。

声音品质

声调和音高

要求：言语友好，富有表现力，听上去令人愉悦，且能使用不同声调传递不同情绪。如果孩子的声音听上去乏味、攻击性十足、唯唯诺诺、充满怨气或令人不悦，就会让他人对其产生误解，觉得这个孩子充满敌意或者冷漠无感。孩子需要能在大多数场合使用听上去友善的声调。

音量

要求：言语的音量要适宜不同场景。孩子需要音量足够大，让别人能听见，但也不能太大声、不合时宜。许多焦虑的孩子说话音量都太小，会影响交流。

语速

要求：用适当语速说话，不会过快或过慢。语速太慢，听上去乏味无聊；语速太快，又容易让别人跟不上。

清晰度

要求：说话条理清晰，方便他人理解。如果别人不能理解孩子的言语，对话就会变得很困难。有些焦虑的孩子说话含糊不清，难以做到发言清晰、简单易懂。

会话技能

问候语和自我介绍

要求：遇到认识的人时，用"你好"或其他问候语打招呼。对于年龄较大的儿童，向别人介绍自己的能力非常重要。遇到别人时，大部分孩子都知道该说什么，但也会因为过于焦虑而束手无措，或是行为不符合社交礼仪。在使用所有会话技能时，眼神交流、表情适宜和言语清晰易懂等基础技能，都是孩子需要牢记的。

发起会话

要求：通过简单的发问和陈述发起会话。即将发起会话时，有些焦虑的孩子常常回避，倾向于在大部分时间保持沉默，尤其是有不熟的人在场的情况下，这让他的友谊追寻之旅雪上加霜。

维持会话

要求：聆听他人陈述，仔细应答，而不是只有三言两语。在别人询问时，有些焦虑的孩子只能草草作答，提供的信息太少，会让别人觉得他不想继续对话，或是对对方不感兴趣。

提问

要求：向别人抛出适当的问题，使会话延续。提出问题，引起他人兴趣。孩子需要会提问，以维持会话。不提问通常给人留下的印象是，对这人不感兴趣，或不想跟别人有瓜葛。

轮流

要求：在会话中你来我往，先听别人说，然后做出评论或提问。有来有往的会话技能对建立友谊尤其重要。有时，焦虑的孩子容易打断别人，或者凌驾于别人之上，不惜一切代价只想得到答案。

选择话题

要求：挑选合适的话题。孩子能够选出别人感兴趣的话题的能力很重要，选出与所在情景匹配的话题的能力同样重要。焦虑的孩子经常会为想不出谈话内容而苦恼，如果打算和别人交朋友，就需要了解其他孩子的兴趣点。

讲礼貌

要求：使用礼貌用语，在适宜情景下说"请"和"谢谢"。这对大部分孩子来说都不是问题。之所以提及这个要点，是因为孩子能否给成年人（如老师）和同伴留下好印象，礼貌交流起到了决定性的作用。

交友技能

伸出援手或赠授物品

要求：为同龄人或成年人提供帮助，或在恰当时机借出或赠送物品。友谊的建立要求孩子在他人面前展现好意，其中之一就是能在别人有需要时伸出援手。友谊涉及给予别人温暖，接受别人的善意。一些焦虑的孩子确实想上前帮忙，但又袖手旁观，这会被误解为不友善，冷若冰霜。

发出邀请

要求：邀请其他儿童参与活动，或邀请别人来家里玩。友谊需要与人共度时光，努力展现想交朋友的意愿。向别人发出邀请、发起活动，都是其中一环。

请求加入

要求：走近同伴，请求加入活动。许多焦虑的孩子明明有机会加入其他孩子的活动，却不愿上前询问。他们通常都非常渴望加入，却只能站在外围观望，因为他们不清楚该说什么，或者害怕被人当作笑话。

表达情感

要求：使用言语或诸如握手、拥抱、轻抚和拍背等肢体动作，在适当时机向其他儿童或成年人表达自己的情感。表达情感是与同伴建立友谊过程中的一项关键能力，可以只靠非常简单的肢体动作，不必非得说话。

表达赞赏

要求：在恰当时机赞赏他人（成年人或儿童）。友谊的一个重要的组成部分就是给予别人积极反馈。这个行为会传递这样的信息：对对方感兴趣，想让对方高兴。不管是成年人还是儿童，赞美在建立友谊时都举足轻重。

在他人受伤或沮丧时给予关心

要求：关心对方的痛苦和沮丧，尝试伸出援手。孩子需要敏感地体察他人，在他人受伤或沮丧时表现出在意。虽然无法每次都提供帮助，但可以试着关心对方，通过某些方式安抚对方，比如，一个动作（如轻抚）、一句话，或是寻找外援。

果敢力技能

捍卫个人权利

要求：能在不伤害他人的情况维护自己的权利。孩子在生活中会遇到诸多事情，必须要学会为自己站台。生活中难免会发生其他孩子或成年人想要从孩子身上获取好处，不关心他的需求，或强迫他做抗拒的事的情况。有焦虑问题的孩子常常不够有果敢力，难以坚持自己的权利。但如果孩子过分张扬自我，就又可能会变得具有攻击性。重点是要让孩子知道，在任何情况下都可以通过不伤害他人的方式来应对。果敢力技能要求孩子声音坚定而响亮（而非攻击性），清楚地传达信息，还要表达个人情绪，明确说出自己想要或不想要。如果孩子无法做到，就需要主动求助成年人。

寻求帮助或信息，表达需求

要求：能够寻求帮助或信息，有需求时告知他人。在学校，孩子能向老师寻求帮助，请求解释说明，或者索要信息。如果孩子在有需求时三缄其口，就会出现问题。向同伴求助也是一项必备技能。

说"不"

要求：可以拒绝不合理要求，明确地说"不"。遇到不想做的事时，表达自我的能力很重要。孩子需要吐露心声，拒绝他人的不合理要求。有的孩子常会觉得自己是被迫做事，或是被别人压迫，那是因为他没有清楚地表达所思所感，或没有明确地说"不"。

应对嘲弄

要求：能够妥善应对他人的嘲弄。如何应对别人的嘲弄是每个孩子都躲不开的命题。孩子不仅需要学会制止他人过分的嘲弄，还要学会尽量免受其害。当然，如果这种情况是家常便饭且行为恶劣，父母和学校就需要介入。

应对欺凌

要求：能够凭借自己的力量或通过寻求他人的帮助制止欺凌行为。和嘲弄行为一样，每个孩子都多少会遇到不同程度的欺凌，没有人应该忍气吞声，可以用各种方法制止，后文将进一步讨论。同样，对于持续性欺凌事件，父母和学校需要介入。

父母活动 16：评估孩子的社交技能

社交技能问题并非每个孩子的症结所在。你需要用一周仔细观察孩子，评估其行为表现。孩子不需要做到完美，但如果你认为孩子缺失某项技能并干扰到其人际关系，就需要记录下来。切记，儿童社交技能与成年人不同。

请思考：孩子的社交技能是否符合同龄人的水平？孩子需要补充哪些社交技能？有个办法很有帮助，即找老师了解孩子的社交技能在班级里处于什么水平。你要知道，孩子在学校的社交技能可能与其在家里大相径庭。

提高孩子社交技能的方法

提高孩子社交技能的方法有很多，选择哪种取决于孩子在社交技能上有多少困扰。有些孩子只有零星困难，有些孩子则可能在上述社交技能层级的多个方面都差强人意。

对于困难较少的孩子：随机教学法

随机教学法（incidental teaching）是指抓住日常生活中的偶发机会教授特定技能，而非设置专门教学训练来培养孩子的社交技能。涉及以下环节：

- 识别需要特定社交技能的情景；
- 向孩子说明需要在这个情景中使用的技能，并解释该如何行动；
- 向孩子解释这项技能为何重要；
- 确认孩子理解自己到底需要做什么；
- 鼓励孩子使用这项技能；
- 表扬孩子所做的尝试，说出他表现优异的地方；
- 给予孩子反馈，对可以改进之处做出温馨提示。

使用随机教学法的重点是确保过程简单易行，每次只针对一项技能。如果孩子被要求短期内聚焦多项技能，就会让他容易晕头转向。遇到合适的机会，先判断哪项技能最重要，并确保不会过难，让孩子先从容易的技能入手。可以将社交技能的随机教学法列入孩子的阶梯法方案。

案例

杰斯的父母发现，她从不与其他孩子或老师眼神交流。别人和她说话时，她经常低着头或看向别处。在有一天傍晚举行的家长会上，杰斯和父亲一同参加。父亲提议，杰斯在交谈过程中可以练习跟老师目光交流。他和杰斯讨论了眼神交流的重要性，以及这个动作如何左右人们对彼此的印象。杰斯理解了她的任务，在和父亲眼神交流时，她笑了。走进教室见到老师前，父亲提醒杰斯要和老师对视。杰斯在交谈中努力尝试，父亲也注意到她偶尔会跟老师目光接触。等到只有他俩的时候,父亲告诉杰斯,她做得棒极了,他注意到了杰斯巨大的进步。他们又接着讨论了刚才的感受,以及还有哪些场合要运用眼神交流。

对于困难较多的孩子:密集训练

对于困难较多的孩子,提高其社交技能犹如搭积木,父母经常摸不清该教孩子哪些技能以及从哪里开始。孩子需要练习每一项小技能,然后逐渐组装在一起,完成优秀的社交实践。建议先从肢体语言技能开始,待孩子熟练掌握后再进行会话技能训练。

社交技能教学可能会让孩子感到一丝不安和尴尬,因此,在形式上采用游戏及其他令人愉悦的方式将有所帮助。幽默也是减轻焦虑并增加乐趣的一剂良药,但有一点很关键——请和孩子一起大笑,而不是嘲笑孩子。

做出说明

理想状态下,每次只聚焦一项技能,并围绕这项技能展开训练。在教授孩子技能时,第一步是讲解。具体来说,需要做出以下说明。

- 这项技能到底包含哪些要素?如何去做?
- 这项技能的重要性如何?缺少这项技能会发生什么?

之后,重点说明如何操作。可以把自己当成运动场上的教练,寻找生活中的例子来给孩子演示。例如,可以观察购物中心或电视里的人,讨论他们如何使用这项技能。

给孩子展示缺失这项技能的后果,营造滑稽的效果。例如,可以和孩子聊天,但全程没有任何眼神互动。之后,再聊聊眼神交流的必要性,以及孩子刚刚有什么感受。也可以在咖啡厅搜寻社交技能不佳的人。还有一个有趣的方法,尤其适合较年幼的孩子。和孩子一起收看他最爱的电视节目,比一比谁能最快找出哪个角色是社交达人,哪个不善社交。

孩子年龄越小,越难对其解释或说明。在这个阶段,可以提示孩子或要求孩子使用这项技能(如"我想问你一个问题,我希望你回答的时候声音清晰洪亮,让我听到你在说什么")。如果孩子很小,也可以用玩偶来解释(如拿两只玩偶演示如何互相打招呼、互相询问），还可以演示如何恰当地交流眼神并控制音量。多问一问，如果玩偶不使用这项技能，孩子会怎么想，以及怎么回应。

主要问题经常集中在孩子只是没有意识到自己与人交往的方式。可以让孩子体验与不善社交的人互动是什么感受，这类经验越丰富越好。可以指出，缺乏社交技能的孩子常常不那么受欢迎，学会用好这些技能将对结识朋友有帮助，会给孩子很大动力。

练习肢体语言和会话技能

先跟孩子讲解技能的操作以及缺失的负面影响，然后就可以开启训练了。一开始，最佳训练场所是家里，因为环境可控。好比网球训练，需要一次又一次地击球才能成为优秀的运动员。同样道理，社交技能也要定期练习才能进步。理想状态下，孩子应该每天都进行练习。

在简单社交技能（如肢体语言和会话技能）的教学过程中，建议一边练习，一边进行简短交流。设计一套练习提示卡，这会使练习妙趣横生。把交流的话题写在卡片上，提示你和孩子完成简短对话。例如，你们练习眼神交流，孩子从一叠卡片中选了最上面那张作为提示，开始和你交谈，同时保持目光接触。下一次教学的重点是提高音量，孩子可能会抽到另一张卡片。

以下是提示卡的范例。

- 你最喜欢什么电影？请给我讲讲电影内容。
- 你最喜欢哪本书？请给我讲讲书里的故事。
- 请跟我讲讲你最大的爱好。
- 请挑选一位家人，这个人长什么样子呢？
- 请跟我讲讲你上周末做了什么。
- 你最喜欢哪个电视节目？请跟我讲讲你喜欢它的原因。
- 请向我提问，让我聊聊我的小时候。
- 请向我提问，让我聊聊我的家人。
- 请向我提问，让我聊聊我假期想要去哪里。

教授新技能时，建议一次只聚焦一项，待孩子精确掌握后再进行下一项，同时提醒孩子使用已经学会的肢体语言和声音品质。例如，在指导孩子如何提问时，可以提示："请挑选一个合适的话题进行眼神交流，使用友善的表情，用清晰、洪亮的声音提问。"

另外，还要和孩子讨论一下如何选取合适的话题，可以涵盖电视节目、球队、本地新闻、电影、宠物、爱好或对方的情况（如健康状况、态度观点或爱好）等。跟孩子一起制作话题清单，支持孩子在下课时间与别人开展会话。

肢体语言和会话技能的基础打牢后，可以开始教孩子结交朋友和果断力等更复杂的社交技能。除上述教学法，还有另外两项针对复杂社交技能的教学策略，包括问题解决策略和角色扮演。

问题解决策略

在问题解决策略中，先就问题进行头脑风暴，尽可能多地提出解决方法，然后选取最佳组合方案。头脑风暴很有意思，尤其是社交类问题，可选的解决方案很多。在陪孩子头脑风暴时，不必担心每个方法的优劣。

例如，想象一个情景：上课时孩子明明没有说话，却被老师误会，受到不公指责。跟孩子一起想想，他可以做些什么，列出清单：

- 对老师大喊，表明自己上课时没有说话；
- 平静地向老师解释，表明自己上课时没有说话；
- 沉默不语；
- 告诉老师是谁说话；
- 等到下课，再去跟老师解释自己在上课时没有说话；
- 当着全班号啕大哭；
- 坐着默默流泪；
- 放学后告诉父母。

在这个环节可以提出一些很蠢或不被看好的建议，这无伤大雅。请逐一讨论每种解决方法及结果，分析利弊，然后帮孩子判断哪种解决方法效果最好。有时，孩子会发现，单一方案不如不同方案的组合有效。

我们还发现，让孩子仔细观察其他孩子，分析别人是如何应对不同情景的，也是有用的方法。例如，可以让孩子探索别人用什么方式成功融入了团体活动，孩子就能找到化解不同社交困境的方法。

角色扮演

角色扮演涉及想象情景的创设，以及你们要在其中出演，思路是孩子假装自己应对某个情景，以此练习社交技能。角色扮演的目标是尽可能还原真实，最好先让孩子在安全的家庭氛围中练习，陪同者是孩子信任的人（你），然后再到现实场景中实践。

以下提供了一些角色扮演情景范例，对于更复杂的情景，需要先解决剧本问题。

- 发起会话：
  - 班里来了一名新同学，你打算问他的名字和家乡（父母扮演新同学）；
  - 老师让你和另外一名不熟的同学完成某项任务，你们必须一起走到学校办公室（父母扮演那名同学）。

- 维持会话：
  - 你转到新学校，坐在操场上，一名同学走过来，坐在你旁边，问你对这个学校印象如何。你必须回应，然后抛出一个问题（父母扮演那名同学）。

- 请求加入：
  - 老师让全班同学各自组队，制作学校展厅的海报。你环顾了一周，发现同学们已经组队完毕。你需要解决的问题是，如何才能加入其中一个小组。扮演的情节是，你走到某组同学身边，请求加入（父母扮演小组中的一名同学）。

- 寻求信息：
  - 父母让你去超市买番茄酱，你找不到番茄酱，不得不询问工作人员（父母扮演超市工作人员）；
  - 你没听清老师上课时的某个指令，请老师重讲一遍（父母扮演老师）。

- 伸出援手：
  - 同学的作业纸掉得满地都是，你去帮他捡起来（父母扮演同学）；
  - 你的同学忘了带午餐，你打算分一半三明治给他（父母扮演同学）。

- 表达赞赏：
  - 课堂上，坐在你旁边的同学创作出了优秀的艺术作品（父母扮演同学），你想夸奖他。

- 发出邀请：
  - 你赢得两张免费电影票，你想邀请你的同班同学和你一起去看电影（父母扮演同学）；
  - 你的生日快到了，你想邀请你的朋友来参加生日派对（父母扮演朋友）。

- 坦诚相待：
  - 你向邻居家的孩子借了个球，但弄丢了。想想这个问题的解决思路，找出最佳方案。如果你准备告诉他丢球的事，并告诉他你已买了新球还给他，就把这个情节演出来（父母扮演邻居家的孩子）。

- 道歉：
  - 去厨房取盘子时失手，摔碎了，那个盘子是父母最喜欢的。他们走进来时，你正好在清理碎片。想一下如何应对这个情景，找到最佳方案。如果你决定向父母道歉，就把这个情节演出来（父母本色出演）。

- 寻求信息：
  - 老师在课堂上布置了作业，但你没理解该做什么。请集思广益，想想有哪些不同的解决方法。如果你决定等到下课后请老师再解释一下，就把这个情节演出来（父母扮演老师）。

- 说"不"：
  - 同伴正在说服你借出你最爱的东西，你担心他会弄坏，你知道这时候该拒绝（父母扮演同伴）。

- 捍卫个人权利：
  - 因为窗户碎了，父母怒斥了你，但这不是你干的。想想有哪些措施可以解决这个问题，选出最佳方案。如果你准备解释这不是你的错，就把这个情节演出来（父母本色出演）。

- 应对嘲弄和欺凌：
  - 本章后面应对嘲弄和欺凌的内容会具体讨论相关处理策略。

反馈与表扬

孩子练习新技能时，只有获得反馈，了解行动的正误和需要调整的方向才能进步。训练初期，孩子可能只摸清了皮毛，重要的是，你要看到他在这个过程中的闪光点，极力表扬他勇于尝试，让他没有挫败感。哪怕前几次尝试的效果甚微，你也要赞扬孩子，期待他有日新月异的变化。你尤其需要关注孩子表现优异之处，明确地告诉他哪里做得好（如"这次尝试棒极了！你向我介绍名字时，微笑的样子真的让我好喜欢"）。如果给孩子反馈需要改善之处，就要做到表达方式温柔且兼具鼓励性。例如，如果孩子在交谈中没有眼神交流，那么你可以说："做得真好！我喜欢你的提问。现在，再试试看，能不能稍微跟我对视一下呢？"

在生活中练习

如果孩子在家里和你一起练习时已经能够使用这些新技能，就需要在现实生活中练习。每次训练结束后都要给孩子布置现实生活场景的小任务，需要简单且容易上手。如果超出孩子能力让他惨遭失败，那么他可能以后再也不尝试了，这是毫无意义的。你可以和老师聊聊孩子和你正在进行的练习，老师或许能提供一些简易的社交任务，甚至还会搭建小组情景，便于孩子练习。

以练习肢体语言和声音品质为例，可尝试下列生活场景：

- 早上向老师问好；
- 向同伴问好（目标儿童最好先选择友善的社交小能手）；
- 拜访亲戚时，问一个问题；
- 与兄弟姐妹练习提问；
- 询问同伴最喜欢哪个电视节目；
- 询问同伴有没有养宠物。

把这些练习融入阶梯法方案中,做法与应对孩子恐惧的情景一致。每次训练后,只需要布置一个任务,可以写到一张卡片上,说明任务内容、参与者、地点和时间。卡片上还应留有空间,记录任务完成时间以及遇到的困难。练习卡片适用于大部分七岁以上儿童,视其阅读与写作能力而定。对于幼儿,可能需要通过游戏等亲子活动来练习。

最好也让孩子做足准备,妥善应对效果不佳的尝试,例如,孩子第一次请求加入某个团体活动但遭到拒绝。如果这类前期努力没有达成所愿,就需要鼓励孩子使用侦探思维法。重要的是,你帮孩子设定的目标必须切合实际,与他的能力相符。许多有焦虑问题的孩子可能仅仅是太急于求成,于是把刚开始的小波折解读为一败涂地。在可行的情况下,你可以请老师帮忙,在前几次练习场景中鼓励孩子。老师或许还能远观孩子的表现,悄悄插手,帮孩子离成功更近一步。

整合社交技能与焦虑调控技能

孩子开始在生活情景中练习时,千万别忘了让其整合社交技能与焦虑调控技能,包括之前学过的侦探思维法和阶梯法。很多时候,学习应对新社交情景本就属于阶梯法方案的一部分。若前方社交任务的水平还是太高,就先别急着逼孩子,请拆解为简易的小任务。例如,如果孩子正在练习眼神交流,那么可以设计这样的迷你阶梯法方案。

目标:在完成下列任务时注视对方眼睛。

- 和老师交谈 30 秒,至少看她三次。
- 自己买一份外带餐食,点餐时注视对方。
- 和邻居交谈两分钟,保持眼神交流。
- 在休息时请体育老师帮忙打开储物柜,和老师说话时与其对视。
- 和篮球教练交谈五分钟,保持眼神交流。

另外,许多阶梯法方案本就包含社交情景,提醒孩子利用这些机会练习社交技能。

创造社交机会

父母除了可以提高孩子的社交技能，还可以为孩子创造练习机会。被焦虑困扰的孩子常常回避俱乐部等社交场所，例如，不管是去交友类或主题类俱乐部、学习小组，还是去兴趣小组或运动协会，都会做思想斗争。可以从图书馆、政府服务机构、电话名册或网络上获取信息，先列出适合青少年参加的所有本地社交俱乐部和活动。然后，和孩子一起，找出他最感兴趣的俱乐部或活动。你可能会看到孩子有一丝抵触，但你要鼓励孩子参加活动，与其他孩子接触。如果你认识的某家的孩子已经加入了某个俱乐部，那么可以安排两家人交流互动。请记住，如果孩子充满恐惧，就证明你找到了突破口。可以设计一套阶梯法方案，把参加俱乐部和小组设置为终极目标，将其拆分为不同的小任务。

给孩子讲解社交技能

你已经学习了提高孩子社交技能的方法，孩子的目标是能够在需要时展现自信，这也是学习社交技能的终极目的。给孩子讲解社交技能的强弱差异，可以比对果敢行为、非果敢行为（过弱）和攻击性行为（过强）。哪怕你认为孩子已经熟练掌握了各项社交技能，也要留意三者的区别。

这个部分将所有基础社交技能总结为七个提示词：眼神、姿势、声音、内容、情绪、表情和行为。在孩子完成整合前，这个方法能帮助他专注于某一方面的果敢力练习。请记住，这些技能层层递进，如果孩子在肢体语言和声音品质方面还有所欠缺，就需要先练习这些方面，然后再依次开展会话、友谊、高阶果敢力技能的训练。表8–1是我们总结的孩子可能出现的三种社交表现，分别为退让行为、攻击性行为、果敢行为。

表 8–1　　　　　　　　　　退让行为、攻击性行为与果敢行为

	退让行为（过弱）	攻击性行为（过强）	果敢行为（恰当）
眼神	头耷拉着，盯着地面	死盯	时不时注视对方
姿势	弯腰驼背，站得很远	凌驾于对方，与对方靠太近	站直，举止自信
声音	沉默，喃喃自语	阴阳怪气，音量过大	清晰悦耳的声音

续前表

	退让行为（过弱）	攻击性行为（过强）	果敢行为（恰当）
内容	• 我会忘了的 • 我真的不在意 • 我还好 • 我没事	• 别碰我 • 你就是很贱 • 闭嘴，白痴 • 你根本就是不知所云	• 我不太喜欢你这么做 • 我对你有点儿生气 • 我需要你的帮助
情绪	痛苦、压抑、受伤	生气、嫉妒	自信、愉悦
表情	不太笑，愁容满面	面露怒色，死板僵硬，仓促	气定神闲，运筹帷幄，不卑不亢
行为	不做什么，默默迎合，抱怨	责备他人，煽风点火，乱扔或破坏物品，打击报复	寻求帮助，以令人舒服的方式捍卫权利，勇于冒险，在恰当时机说出想法、感受和诉求

在练习基础社交技能时，应该先在角色扮演中训练孩子如何表现得果敢自信，再在生活中实践。孩子练习得越多，得到的表扬越多，就越有可能做到与他人高效互动。

妥善应对嘲弄和欺凌

遗憾的是，焦虑的儿童常常不言不语、唯唯诺诺、笨拙尴尬，有时会成为欺凌者的眼中钉。所幸大部分有焦虑问题的孩子并没有被取笑或欺凌，但如果出现了这类问题，就会使其焦虑问题雪上加霜，孩子还会出现低自尊和抑郁的症状。如果你发现孩子正在被捉弄或受伤，就要立刻采取措施，冷静地帮孩子处理好这个问题。

父母应如何处理

欺凌和嘲弄的经历是孩子在整个童年都挥之不去的阴影。身为父母，你在听闻孩子遭受欺凌后，你的本能反应可能是生气，然后想介入其中，了解这个行为是否得到了相应的惩罚。然而，这并不能保证孩子未来能免遭于此，还可能会让孩子消极地看待自己。当你知道孩子遭遇嘲弄或欺凌时，你要先表达关心和同情，孩子可能并不想让你插手，只想跟你深入聊一聊。请不要让你的痛苦、自尊或愤怒成为帮孩子解决问题的绊脚石。允许孩子发泄出来，允许他说不准在家里讲的粗话，这样他才能完整地讲述事件的经过。让孩子通过讲述将情绪发泄了出来，从而缓解他遭受嘲弄和欺凌行为所带来的痛楚和羞耻感。

你往往需要帮孩子分析，对方是否只是出于友善而开玩笑（即使他的行为带来了伤害），还是他就是冷酷无情。如果是前者，你就要教孩子学着和对方一起大笑，或是真诚地告诉对方这种玩笑令自己不悦（换句话说，表现得果敢一点）；如果对方是出于恶意，你就要帮孩子想出不同的回应方式，让他能在这场游戏中胜券在握。

如果孩子在短期内制止不了嘲弄行为，或者欺凌行为是身体攻击，就要让学校人员介入。大部分学校都有针对欺凌的规章制度，那就让学校按规章办事。你要问清楚复核时间，并及时索要反馈。在这个过程中，你需要坚持，但不要归咎谁无能或不作为，这对孩子的处境没有任何帮助。你可以期待学校有所行动，但如果学校建议孩子做些改变（包括如何与他人互动等），你也别诧异。虽然嘲弄和欺凌行为本不该发生，停止这种行为的责任在欺凌者，但欺凌者就是爱挑选不够果敢的孩子以及被嘲弄时只会受伤和愠怒的孩子。教孩子用才智战胜欺凌，其实就是教授孩子自我保护的有效策略。

如何智斗欺凌者

方法1：交谈疗愈

在痛苦结束前，要不停地谈论这些嘲弄行为，以此开玩笑，此时恶言恶语就会失去杀伤力。还可以借用侦探思维法，判断这些嘲弄的真假。如果嘲笑的内容是事实，那么可以使用问题解决策略来破解困扰；如果所言为假，孩子就会意识到，自己没必要去相信那些嘲弄，这种侮辱毫无根据。

方法2：亲近友善的人

需要与感同身受的人（如友善的同伴或老师）保持亲近关系。例如，可以先分析谁比较能共情，找到目标人物后，可以想象如何在放学途中与之拉近距离（可能需要调整回家路线）。遭遇欺凌时，有个巧妙的方法，就是把动静搞大，引起他人注意。可以说"对不起，我没听清你在说什么，你能再大声点儿吗"，或者"我还是没听到你在说什么"。直到这场欺凌变成声势浩大的"嘲人秀"。如果动静太大，欺凌者可能就会惹上麻烦，或者会吸引其他人挺身而出。

方法3：再被嘲弄或欺凌时采取不同以往的反应方式

让孩子将"不走寻常路"定为座右铭。欺凌者的嘲弄通常会激起受害者的恐惧、悲伤或生气等反应。然而，一旦孩子做出了不同反应，就会暗示欺凌者嘲弄无济于事，给他带来的乐趣也会荡然无存。集思广益，找到不同行为方式加以练习，能帮助孩子建立自信。例如，可以试着无视欺凌者，然后自嘲（通常不建议嘲讽欺凌者），自己哼哼歌曲，或感叹今天阳光真好。

方法4：巧妙回应

可以用聪明的方式回应，而不是感情用事。例如，如果欺凌者说"你是肥猪"，那么别对他喊"我不是，你才是"。可以这样回应："天啊，我这周的目标是肥成大象，看来我还得努力。"这类回应足以让欺凌者迷糊，也能为受害者争取时间撤离现场。还有一点也很重要，那就是不能对欺凌者恶语粗言或表现出攻击性，因为这可能会让情况恶化。反之，可以尝试化解，让欺凌者知道，他说的话没有杀伤力（即使一开始有）。

建议你让孩子练习后两个方法并帮助孩子制订计划。虽然你会觉得难以做到，但还是可以试试。你可以扮演欺凌者，对孩子粗言鄙语，然后教孩子练习一种应对的新方法，直到他驾轻就熟。一旦孩子熟练掌握这些技能，就可以用到现实生活中。

重要提示：如果孩子遭遇非常严重的嘲弄或欺凌，就要考虑求助专业人士。

和孩子一起完成的活动

｜ 儿童活动25：人为什么要有自信 ｜

和孩子聊一聊变得自信的好处，以及有哪些交流互动的方式。回顾孩子在需要发挥决断力的情景中通常如何行动，帮孩子在儿童训练手册中填写自己的情况，并在此基础上写出更恰当的行为表现。如果孩子想不出例子，那么可以让他思考一下最近几次他想回避的事，或者被要求向某人求助却困难重重的时刻等。

▎儿童活动 26：果敢行事 ▎

关于孩子要提升哪些社交技能，你可能已经在心里做好了打算。请借用不同情景指导孩子练习使用这些技能，最后再教习果敢力。角色扮演情景包括且不限于这些：排队时有人挤到你前面；邻居没有事先告知就骑走了你的自行车；询问别人某个商品在超市里的位置；看到操场上有个高年级的孩子对低年级的孩子冷嘲热讽。你也可以使用先前角色扮演练习部分列出的情景。首先和孩子讨论这个情景，分析最理想的行为表现是什么（即如果果敢行事会发生什么），然后依照这个情节进行角色扮演。如果孩子对果敢力的行为方式摸不着头脑，那么可以让他演绎最坏的解决方式（如退让），然后演绎攻击型解决策略，这会让练习变得趣味十足。也要互换角色，给孩子示范这些技能的正确使用方式。如果孩子需要练习的是较为基础的社交技能（如眼神交流和音量控制），那么你们可以尝试每天进行两次角色扮演。

▎儿童活动 27：智斗欺凌者 ▎

和孩子聊聊各种智斗欺凌者的方法，包括告诉信任的人、找到一个需要时可以求助的人、以不同以往的方式行事，以及形成一套巧妙的回击方式来化解。关于回击方式，可以给孩子做示范。

戏语："你是个大傻瓜。"回应："只在周二是。"

戏语："死胖子。"回应："别搞笑了，是肥到无人能敌。"

戏语："四眼怪。"回应："我还真的希望有四只眼，这样就不用戴眼镜了。"

可以让孩子说一句挖苦的话，然后你来回应，以此给孩子示范，希望孩子会捧腹大笑。让孩子回想针对他（或朋友）的嘲讽，然后一起分析，再遇到类似情况时可以用哪种恰当的方式回应。在真正实践前，孩子需要在不同模拟情景中练习，甚至可以每日一练：你突然即兴说出一句嘲弄的话，然后孩子予以还击。无论是在吃饭、开车，还是看电视时，你都可以突然冒出一句挖苦讽刺的话。一开始，语气轻松一些，随着孩子自信心的增长，逐渐变得阴阳怪气，还可以加大难度。一旦孩子树立起信心、能够立刻回应时，就可以在学校情景中练习了。

如果孩子被人愚弄或欺凌，就帮他使用这些技巧智斗欺凌者。先给孩子机会在家练习不同的应对方式，然后再用到学校场景中。在孩子实练前，最好先讨论一下，如果欺凌者还不退却，那么孩子要怎么做。如果第一次不成功，最好重来一遍，微调方案。不过，还是要牢记，如果嘲弄行为仍然不停止，或发展为身体欺凌，就要求助学校及专业人士。

｜儿童练习任务 7：决断行为及持续练习｜

除了继续练习阶梯法方案中的任务（应提前讨论并安排下一周的任务）和适时练习其他焦虑调控技能外，孩子还应在角色扮演或现实生活中努力培养果敢力。推荐一个有效的方法：制作一份核查表（见儿童训练手册），提醒孩子果敢力如何体现在言行中，鼓励他集中训练自己最需要提升的社交技能。

本章重点

在本章中，你和孩子学到了：

- 社交技能举足轻重，培养特定社交技能是孩子迈向成功的必由之路；
- 社交技能层层递进，孩子需要先理解诸如眼神交流等基础技能，才能顺利习得发起会话和表达赞赏等高阶技能；
- 有很多教孩子提高社交技能的方法（如对话法、示范法和角色扮演法），如果孩子有许多问题，那么角色扮演法是更好的教学方式；
- 退让、攻击性和果敢行为之间各有差异；
- 富有果敢力的人有特定的行事作风；
- 智斗欺凌者的方法形式丰富，包括交谈疗愈、亲近友善的人、在被嘲弄或欺凌时采取不同以往的反应方式，以及巧妙回应。

孩子需要完成以下任务。

- 在父母或其他成年人的帮助下完成儿童活动的任务。
- 在日常生活中培养果敢力。对于缺乏社交技能的孩子，可以先在家里使用角色扮演法，一次练习一项新技能，之后再用到生活场景中。
- 继续实施阶梯法方案，继续练习其他焦虑调控技能，如求实思维法和问题解决策略（至此，孩子在阶梯法方案中应该快要登顶了）。

第 9 章

评估状况

整合技能

前几章带你了解了多种儿童焦虑调控策略，本章将要进行简要总结，并讨论如何整合这些策略，以及如何将其搭建到综合性项目中。还记得本书第 1 章介绍的那五个孩子吗？我们为其量身打造了项目，接下来将具体展开讲解。

迄今为止覆盖的内容

第 1 章和第 2 章讨论了什么是焦虑、如何辨别孩子的焦虑和恐惧问题、孩子学习理解情绪的方法，推荐了教学练习，帮助了解呈现焦虑的三种形式：生理症状、思维方式和行为表现。还介绍了 10 级计分制的焦虑量表，用以记录孩子的焦虑等级。到了这个阶段，孩子应该可以轻车熟路地给自己的焦虑打分了，也应该认识到，焦虑会随情景的变化而变化。

我们还解释了焦虑的来源，帮你理解孩子焦虑问题的缘由。在第 1 章分析了是什么让孩子当前的焦虑问题不罢不休，也说明了准备讲解的各种策略，包括求实思维法、阶梯法和社交技能的培养。

通过求实思维法，孩子能转变对恐惧情景的思维方式（见第 3 章）。建议有焦虑问题的儿童（和成年人）要实事求是地思考，定期按照实际情况审视情景中的消极成分。因为被焦虑困扰的儿童会高估坏事发生的可能性，也会把消极方面极端化。提供的练习可以帮孩子意识到，如果能学会用不同于以往的方式思考，情绪就会发生改变。最重要的是，我们还介绍了侦探思维法，让孩子知道如何收集证据来支持或击破执念。要点如下：

- 你的想法直接导致了你在某种情景中的情绪；

- 焦虑型想法让你感到担心，冷静型想法则会让你更放松；
- 遇到让你害怕的情景，需要扮演侦探的角色，找到焦虑型想法的证据；
- 能搜集的证据多种多样，最佳信源是过去经验和备择解释；
- 抓住证据，转换到冷静型想法，就能妥善应对令你焦虑的情景。

在第 6 章，建议筛选对孩子有效的提问方式和想法，以此简化侦探思维法。

第 5 章引荐了关键技能——阶梯法，用以鼓励孩子直面恐惧。当阶梯法方案前后一致且系统有序时，功效最大。教授孩子阶梯法的步骤如下。

- 向孩子讲解阶梯法。
- 制作恐惧和担忧问题清单。
- 制定循序渐进的方案。
- 孩子完成每级任务都要给予奖励。就算尝试失败了，也要肯定其付出的努力。
- 实施阶梯法方案。

还有一些方法可以优化阶梯法的效果：

- 确保每级任务的跨度不会太大；
- 需要多次练习每级任务，直到孩子能熟练掌握；
- 按照承诺兑现奖励，奖励要及时，才能让孩子充满动力；
- 确保阶梯法方案中的任务涉及孩子害怕的后果。

这些多元方式能将阶梯法的效果发挥到最大。但需要牢记，对于某些更加隐蔽且复杂的焦虑问题，要设计出一个阶梯法方案绝非易事。因此，在第 6 章和第 7 章讨论了如何制定进阶版阶梯法方案，以解决这类问题。

第 8 章重点关注孩子的社交技能，即孩子与他人互动的方式。只有少部分孩子既有焦虑问题又有社交困难。如果孩子在这方面没有困扰，那么可以跳过这个部分；如果孩子在社交技能上有所欠缺，那么最好解决这个问题，尽可能地让孩子沉浸在积极体验中。本章介绍了许多亲子练习，可以帮助孩子更好地理解各类社交技能的提升方式。建议使用以下策略教授孩子社交技能：

- 每次只教一项技能；
- 训练要简洁而有趣；
- 请及时反馈孩子当前的表现，告诉他怎么做会更好；
- 为孩子创造大量练习机会；
- 起于基础技能训练，逐步过渡到高阶技能。

果敢力训练（如捍卫个人权利和应对嘲弄等）可以提升每个孩子的自信。

最后，别忘了在第 4 章讨论过的教养策略，其中有些无效策略会加剧孩子的焦虑，而有些有效策略则能化险为夷。总结的要点如下。

- 过度保护孩子或全权接手在短期内确实能缓解孩子的情绪，但焦虑问题永远不会消失。更有效的方法是鼓励孩子直面恐惧。
- 如果孩子向你求助，那么你最好只提供建议，鼓励他独立化解难题。
- 如果孩子频繁地寻求抚慰，那么依然只需提供解决方案（如求实思维法），然后告诉孩子你不会再回应。
- 如果孩子的行为符合你的期望，那么要记得给予奖励。
- 如果狠不下心让孩子犯错，那么你需要使用求实思维策略来说服自己。人生在世，难免有风雨，孩子短痛后方可长久解脱。

项目案例

无须把每种策略都按相同方式套在每个孩子身上，每种问题都有适合的解决策略。有的孩子会觉得，某些技能对他更有意义。因此，即使你和孩子理解所有策略都很重要，也不一定要把它们都纳入自己的项目。现在，回顾贯穿本书案例的五个孩子，讲解他们各自项目的最终版本。你会发现，每个孩子的项目都少不了阶梯法的身影，它是最基本的策略。如果孩子在阶梯法方案中没有充分练习，就无法学会战胜恐惧。

案例

整体而言，塔利亚是个自信而外向的九岁女孩。但她害怕游泳，这个问题让她变得不那么自信。

总体来说，塔利亚没有出现害羞或敏感的症状，所以这个项目只动用了阶梯法，单刀直入，立竿见影。第一步就是头脑风暴，塔利亚和父母一起列出了令她恐惧的各类情景，然后按照从易到难的顺序列入阶梯法方案中。因为塔利亚这个恐惧问题非常具体，所以将每个小任务逐级垒高，形成阶梯，不是什么难事。另外，塔利亚也非常想解决这个问题，想和朋友去游泳，因此，父母只需每次给予小小的奖励就能鼓励她练习。大多数时候，他们只需提醒塔利亚她的终极目标（能跟朋友去海边玩）即可。塔利亚完成整个项目只花了三周时间，此后，对水的恐惧就被她远远甩在身后了。

* * *

相比塔利亚，乔治的问题范围更广，也更普遍。他羞怯敏感，毫无自信。他因为恐惧回避很多社交场合，没有朋友，形单影只，还总是垂头丧气。

乔治恐惧的根源在于思维方式，他其实是个聪明的孩子，所以父母决定把求实思维法设置为项目的重点。他们花了大量时间让乔治实事求是地思考自己的能力，还要求他从实际出发思考别人对他的看法。乔治最需要了解的是"即便这次搞砸了，你依旧有能力取得佳绩"以及"别人没必要看扁你，哪怕他们真的这么想，也不是世界末日"。乔治在训练中表现良好，但他无法由衷地相信这些想法。他开始转变想法，但旧想法仍然挥之不去。

为了切实强化新想法，父母在项目里加入了阶梯法方案。乔治缺乏自信，还有些郁郁寡欢，他需要大量鼓励推动他完成尤为困难的任务。因此，父母把方案拆解成许多简易的任务，全程嘉奖满满，鼓励多多，这也意味着乔治的项目耗时许久。事实上，项目历时一年多，这已在某种程度上融入了乔治及其父母的生活。每级任务都被细致拆解，确保乔治大多时候都能完成。因此，他取得了很多成就，收到了来自父母的许多奖励和鼓舞。长路漫漫，但可以肯定的是，这大大提升了乔治的自信。

后来，在执行阶梯法方案过程中，乔治的父母逐渐意识到，他还缺乏基本的社交技能。这完全可以理解，因为乔治已经多年没有任何朋友了。他从初一起就总被几个孩子捉弄，于是父母还决定教他学习社交技能。关于如何结识新朋友以及如何跟朋友聊天，乔治和父母练了又练，并将其列入阶梯法方案中，也应用于日常生活。乔治遭遇的嘲弄不太严重，故不太希望父母找学校老师反映。他转而开始练习应对嘲弄的策略，尤其是如何让其他孩子明白，那些评价对他毫发无伤，他无所谓。幸运的是，这些方法起效了，不久后就再没人欺负他了，这个成就令乔治信心倍增。

乔治目前还在继续为焦虑问题奋战，这是他的长征。经过几个月的练习，与训练刚开始时的那个乔治相比，他已完全蜕变，愈发自信，抑郁也愈发得到缓解。乔治和父母感受到了这份改变带来的喜悦，不必再为他之前低落的情绪而愁眉苦脸。

* * *

杰斯的两个问题截然不同，她既长期性担忧，又害怕自己吞咽窒息。项目初期的重点是帮助杰斯控制担忧的情绪，帮杰斯父母妥善应对她令人困扰的行为。在阶梯法方案起步后，再来处理吞咽恐惧的问题。

杰斯专注于侦探思维法的学习和训练，以应对她的担忧问题。因为她总是不停地把所有事情都想得很糟，所以这项技能对她很重要。如果不借助求实思维法，杰斯就绝不愿意迈出第一步去直面自己的恐惧。杰斯和父母尽可能找各种机会练习，寻找证据，推翻所有焦虑型想法，这已成为他们的习惯。随着杰斯的技能不断提高，父母从主导者逐渐退到杰斯身后，最后他们只会提醒她："侦探会怎么看待这件事？"

为解决她的担忧问题，杰斯完成了两个阶梯法方案。第一个方案旨在增加同伴互动频率，第二个方案的目标是让她限时完成任务而不吹毛求疵。然而，杰斯进度缓慢，甚至还在第一套方案中退步了，因为她没有邀请朋友周末来家里玩，导致朋友生气了。杰斯曾想让这个训练到此为止，但还是做了大量侦探思维法练习，反问自己："不被担忧困扰的生活是什么样？"最终她还是选择了继续。为了提升杰斯的信心，往回退了两级，重做了一遍任务，然后才继续向上迈进。

为解决吞咽恐惧的问题，杰斯和父母制定了一个很长的阶梯法方案。他们列出一份食物清单，都是杰斯怕吃的东西，然后按照这份清单各个击破。对于杰斯比较排斥的食物（如羊排），在设计任务时，他们会考虑"肉能切多小"以及"一口肉要咀嚼多久"。前几级任务特别艰辛，但在杰斯成功吃完一块羊排三明治后，清单里余下的食物都是小菜一碟了，她的饮食很快回到了正轨。

有很长一段时期，杰斯都在恐惧和担忧的情绪中练习，几个月都看不到明显进步。父母对此感到沮丧，但没有动摇他们继续执行方案的决心，依然期待杰斯战胜焦虑。时间一天天地过去，杰斯也一次次地突破自己，效果有时立竿见影，有时收效甚微。好在杰斯的体重开始恢复，如今她能在学校顺利完成考试，也不再会被次日的烦恼折磨到失眠了。

* * *

库尔特主要有两个问题：（1）因为害怕病菌而不停洗手；（2）困扰他的广泛性焦虑。鉴于问题复杂，第一步是把每类问题的行为和特征梳理出来，把他的焦虑问题归纳为洗手问题和担忧问题，然后就可以对症下药。两个问题之间有相似之处，但也需要将二者分开。

父亲的参与兴趣不大，于是库尔特和母亲一同开启了项目。库尔特最先学习侦探思维法。针对洗手问题，他需要知道，并不会沾染上那么多病菌，即使有病菌也不会造成伤害。对于担忧问题，库尔特需要明白一个道理：这个世界没有那么危险，他不太可能受伤。库尔特担心的事情太多了，不过也不难找到证明他之前并没有从实际出发考虑问题的证据。库尔特会把自己当成詹姆斯·邦德，助他闯过一道道难关。

和前面几个项目一样，库尔特的项目也纳入了阶梯法。不过他的方案不太容易制定，因为他的担忧问题不那么具体。深思熟虑后，库尔特和母亲终于设计出几个方案，其中包含不少任务。第6章已经拿库尔特的进阶版阶梯法方案举了例子，也提到了其他的孩子，他们的共同点都是恐惧的内容不够具体。对于库尔特来说，几天不洗手简直会要了他的命。不过，他有决心，母亲也不乏嘉奖，这些都在推着他成功过关。数周后，项目变得越来越顺畅了。

* * *

在拉希年幼时，她的父母就分开了。拉希总在担心母亲受伤或罹难，害怕她们再也无法相见。因此，每当她必须和母亲分开时，她都会变得烦躁不安。因为拉希只有七岁，所以母亲决定撇开求实思维法，转而使用写有冷静型想法的提示卡片，她也教拉希放松法，因为这与她的生活理念完美契合，她加入放松训练课程已有多年。

拉希很享受放松的过程，主要是因为这是她和母亲相处的二人时光。拉希还没学会完全放松，但她做得有模有样，足以为下一步阶梯法方案打下基础。

阶梯法方案是拉希训练的主要内容。拉希的问题涉及不同情景（如上学、在别人家过夜、单独和保姆在家等），拉希和母亲针对各种情景制定了多个方案。每个方案都拆分为更小的任务，拉希也分别挑选了她感兴趣的奖励，其中很多奖励内容都是"和妈妈共度一段特殊时光"。这个训练还有一部分内容是，母亲不允许拉希问太多，不许她过度寻求抚慰。

母亲也意识到，和拉希父亲分开这件事也在方方面面影响着自己，尤其是让她更害怕失去拉希。因此，之前她过于保护拉希，对拉希的恐惧问题放纵过头了。母亲不得不承认，有时她准许拉希在工作日待在家，她之前真的没太在意。母亲下定决心，把自己保护的双手往后缩一缩，在鼓励拉希直面恐惧时态度要再坚决一些。为了做出改变，母亲开始就自己的焦虑问题使用求实思维策略，切实地思考"拉希害怕时，到底会发生什么"以及"如果坚持让拉希去上学，拉希真的会讨厌我吗"等问题。

对于和母亲分离的焦虑问题，拉希终于能处理好了。此后，她们又开始练习另一套阶梯法方案，解决拉希害怕打针、去医院的问题。因为分离焦虑和害怕打针两个问题都非常具体，所以拉希的训练非常清晰，没多久她就有了巨大进步。整个训练耗时 12 周。

和孩子一起完成的活动

| 儿童活动 28：我要如何帮助别人 |

让孩子去帮助其他有类似问题的同伴也可以提高孩子的焦虑调控技能。通过帮助他人，孩子既巩固了技能，又能让自己做好准备，应对潜伏在未来的焦虑和恐惧问题。这个任务有预防的功能，也能让孩子了解自己学会了哪些有用的技能，进而提升自信。

可以编撰其他被焦虑困扰的孩子的故事。请孩子给这些同龄人出出主意，该如何妥善应对。可参考儿童训练手册中提供的案例。

| 儿童练习任务 8：达成我的目标 |

最后一个练习任务要求孩子继续努力，实现阶梯法方案的终极目标。应该计划好完成任务的时间和调控焦虑所需的技能。需要在未来几周甚至几个月里，不停地重复这些任务，并根据方案的复杂度、数量和容量灵活调整。每周都要帮助孩子制订合适的计划，帮助他执行任务。

本章重点

在本章中，你和孩子学到了：

- 本项目的所有技能的教学概览；
- 本书择取的各个儿童项目案例的特点；
- 任务挑战——如何帮助其他被恐惧和焦虑困扰的孩子。

孩子需要完成以下任务：

- 在父母或其他成年人的帮助下完成儿童活动的任务；
- 继续实施阶梯法方案，希望孩子马上能登顶；
- 继续练习其他焦虑调控技能，如求实思维法、问题解决策略和果敢力。

第 10 章

展望未来

我们进展到哪儿了

可喜可贺，你已来到本项目的终章。如果你和孩子已经学完了前面的章节，并按照本书建议完成了练习，那么你们或许已经踏过了千里征程，穿越了满路荆棘。我们希望天道酬勤，你的孩子应该也不再像项目启动之初的样子了。当然，变化可大可小，人各有异，孩子蜕变的程度受各类因素的影响。

维持成果

或许你现在有疑问："要走到哪里？要继续练习多久？何时才能抛下并忘却这一切？"对不起，对于这些问题没有明确的答案。孩子各不相同，大家的情况千差万别。参与我们项目的有些孩子几周后就取得了巨大进步，且再也没有反复；有些孩子则进步缓慢，效果微弱，甚至需要继续长达数月乃至数年的练习。大部分孩子位于这两极之间，努力练习了10~15周，取得了喜人的进步。此时，可以停止正式训练，但孩子和父母需要牢记学过的内容，余生继续践行。孩子需要不断提醒自己求实思维法和阶梯法的基本原则，抓住随机练习机会，但不必再像正式训练那样。一旦生活出现了困难，就应该趁机练习。例如，遇到考试、大型赛事或颁奖晚会发言，都是复习所学技能的好时机。如果孩子感到异常焦虑，那就花一周左右的时间重新把技能点数加满。对于要完成的那些练习，哪怕孩子得挣扎一番，也会马上过去，因为大部分技能已经融入他的生活了。随着孩子树立起了自信，结识了新朋友，取得了斐然的成绩，诸如求实思维法、社交技能和阶梯法等技能将成为他的本能。

复发

孩子也可能会在某种程度上又复现了恐惧和焦虑问题，即复发。这种情况不一定发生，且对大部分孩子而言概率为零。然而，就像第1章所述，焦虑问题的原因多种多样，比如，基因决定了你的孩子倾向敏感类型，就免不了有焦虑问题复发的可能。复发可能由多种因素引起。(1)情况好转之后，孩子和父母通常会停下技能训练的脚步，这不难理解。在这些案例中，焦虑问题有时会有缓慢退行的倾向。(2)生活中的不幸无人能幸免。孩子可能失去了一位至亲，可能在一场重要考试中失利，或是搬到新家，抑或遭遇了交通事故。在遇到坏事时，我们总会觉得其他危险也在虎视眈眈，这足以把消极想法和焦虑情绪重新植入敏感型孩子身上，最终导致孩子在历经了几次波折后，焦虑和恐惧问题复发。如果你或伴侣失业了、你遇到了抢劫，或者你们离婚了等应激事件侵入家庭生活就会影响所有人，可能会让孩子丧失自信，再次被恐惧问题缠身。

即使真的复发，也没什么好怕的，只需回头练习之前起效的基础技能，就可以迅速控制事态发展。如果复发的导火索是家庭内部应激或重大灾难等因素，那么最好先花些时间处理应激源。举个例子，试想你的伴侣遭遇了严重的工作事故，现在正躺在医院的病床上，全家都陷入了悲痛。孩子似乎又丧失了自信，一些旧的恐惧问题也重现，甚至还出现了几个新问题。此时，重要的不是立刻抓住求实思维法、阶梯法等策略，而是给每个人时间来适应生活的变故，先去解决最实际的问题，照顾好当下的情绪。在你逐渐拿回生活的主动权后，再去练习焦虑调控策略。

还有一点需要注意：如果孩子的焦虑问题又现端倪，那么第二次的"凯旋"不会像之前那样耗时许久。孩子现在已对这些技能烂熟于心了，可以直奔主题，马上练习，焦虑问题用不了多久就又会烟消云散了。

我们真切地希望孩子可以一帆风顺、无忧无虑地成长。但是，就算这条长河里有暗礁，我们也能欣然面对，因为孩子学到的技能宛如云帆，将助推他在未来乘风破浪。

为未来做好规划

在这个项目中,你学习了如何帮孩子调控焦虑,现已接近尾声。你也教了孩子许多有用的技能,这些技能无疑都会成为他未来应对挑战的武器。你们可以举办一场家庭晚宴,准备孩子最爱的食物,给他一个惊喜,奖励他取得的成就。

学会放松:应对应激的积极和消极策略

鼓励孩子使用积极策略处理日常应激,这一点尤为重要。你的孩子可能属于敏感型,这些技能将帮助他学会在生活中保护自己。主动准备好接受应激的侵袭,将降低持续性焦虑、抑郁和滥用药物等严重问题发生的概率。有不少办法可以帮孩子妥善应对日常应激,例如,可以鼓励孩子做瑜伽(如果孩子自己觉得有用的话),练习如何放松。请保证孩子运动规律、膳食均衡,确保有时间和朋友及家人交流(这对大部分人来说相当重要)。有焦虑问题的孩子倾向于在学习和作业等任务中钻牛角尖,这可能会让孩子筋疲力尽,难以实现自己的目标。作为父母,你需要认识到只有工作(或学习)、自我呵护(如运动)与社交之间达到平衡状态,才能保证身心健康。

在孩子步入青春期后,你最好留意孩子那些应对应激的消极策略。有的孩子会用吸毒或酗酒、躲开朋友和家人、暴饮暴食、日夜颠倒、缺乏运动等方式应对应激,一定要引起重视。如果你能和孩子开诚布公地讨论这些做法及其危害,谈论更恰当的策略,孩子将来就更可能走上正路。

为未来的挑战做好准备

在完成本项目前,做好未来规划尤为重要。正如前文所说,调控焦虑是一项持续性工程。通过预测未来可能导致焦虑的事件,并用焦虑调控技能武装自己、做足准备,就能抵抗逆境。这并不是说孩子不再会有强烈的焦虑情绪,而是说在有准备的情况下,焦虑水平会维持在正常基准。对一些孩子来说,近期计划就是完成当前的阶梯法方案。你和孩子需要回顾你们的成果,计划余下的任务和目标要如何达成。有的孩子已经实现了最初的目标,不妨问问他下一步的最大挑战是什么,将之定为新目标,然后借助焦虑调控技能将其实现。例如,假如孩子现在二年级,你希望他在几年级参加露营等集体活动。在真正开始前,你们可以设定长期目标,把孩子可能害怕的事拆解成他能完成的小任务,早早做好准备。请随时留意孩子当前乃至未来需要掌握的技能,使其成为孩子飞向成功的助推器。

| 父母活动 17:为未来目标做好准备 |

请花些时间思考孩子的未来。

孩子在未来几年需要掌握哪些技能(如需要留宿别人家、参加露营或放学后独自在家时,该用哪些策略)?

_____

孩子将来一定会遇到哪些挑战(如上高中、搬新家、新添家庭成员)?

_____

针对这些问题,和孩子一起制定长远目标。

_____

祝贺

回想一下儿童活动 5,你们就焦虑调控训练订下了家庭合约,如果所有人都尽心尽力完成了项目,就要举办一次特别的家庭活动。事不宜迟,最好安排在完成任务后的下一周。请确保你们每个人都对活动内容没有异议,共享这段美好时光。请复印这张奖状并颁发给孩子,肯定他的付出与成就。

祝贺你

你获得了以下重要技能的认证：

勇气达人

求实思维侦探

恐惧驯服师

果敢力行家

你应该为取得的成就而自豪

请回顾家庭合约，如果你们每个人都尽心尽力，最终战胜了恐惧和担忧问题，就要按照约定举办特别活动。现在，是时候尽情享受了。

你值得！

和孩子一起完成的活动

▎儿童活动 29：你取得了哪些成就 ▎

和孩子聊一聊过去几个月他取得了哪些成就，不放过一丝一毫。孩子学到的新技能让他勇敢面对过去常担心的事，这已是一大壮举。告诉孩子，你为他取得这样的成绩而骄傲，他付出的努力与战胜恐惧的突破都值得被嘉奖。

另外，你也要让孩子意识到，他目前还需继续努力。然后，一起计划达成新目标的时间节点和方法。最好把未来几个月或一年需要不断推进的新目标写下来。

▎儿童活动 30：防止恐惧和担忧问题复发 ▎

请跟孩子解释，防止恐惧和担忧问题卷土重来的唯一方法就是不断练习所学技能（如侦探思维法和果敢力），经常自我提醒"自己足够强大，可以战胜消极情绪"。孩子可以时不时地再次直面害怕的事物，这样能提醒他，自己现在有多勇敢。

让孩子知道，他在未来的某一天还可能会感到害怕或担忧。跟孩子约定，一旦发生这种情况，就要告诉你，你会关心并理解他，尽力帮他面对新的挑战。告诉孩子，虽然他可能会非常焦虑，但相比过去几个月的耗时耗力，第二次直面恐惧不过是小巫见大巫。

▎儿童活动 31：不畏逆境 ▎

最后一个活动，应该让孩子挑战自己过去回避的事，但这件事本应令他享受，或是让他把近期可能遇到的最大逆境当成一次挑战（如外出露营、升入高中或加入体育队）。选好任务后，请孩子写下建设性行动计划，包括前期准备工作、缓解焦虑的措施，以及为达成目标可以求助的资源。我们希望，这个目标兼具挑战性和愉悦性，孩子也能获得社交机会，能让他体验并克服更多焦虑，最终提高焦虑调控技能。

本章重点

在本章中，你和孩子学到了：

- 明确你们在项目前几周设定的目标和取得的进步。
- 定期练习焦虑调控技能是提高所学所得的基础。
- 焦虑问题可能会复发，尤其在应激剧增的时候。当发生这种情况时，再次重温本项目介绍的技能和步骤，就能马上解决。
- 积极应对日常应激很重要，孩子要自我关怀，充分休息，以及随时平衡好功课、学业与社交活动。同时要避免消极应对策略，如自暴自弃、背弃友谊、药物滥用或酗酒。

附录
Helping Your Anxious Child

放松法

每个孩子在生活中都会不时地遇到应激事件，出现身体紧张的情况。当身体高度紧张时，会出现胃痛、头疼、睡眠障碍和肌肉疼痛等症状，会妨碍孩子使用侦探思维法等应对策略，过度紧绷也会使孩子无法专注于技能的运用。如果遇到身体高度紧张的情况，那么不如先教孩子如何平复生理反应，然后再运用应对技能。

可以使用放松法来缓解身体紧张，在放松过程中，身体会发生变化，心跳放缓，肌肉紧绷的情况减少，由此表现出的头痛等症状也逐渐消失。另一个好处是，大脑变得平和冷静，屏蔽焦虑型想法，身体和思维的放松引出镇静感和幸福感。焦虑和放松很难同时出现，有的孩子就是无法完成侦探思维法，这时放松法就是及时雨。

学习放松的方式多种多样，如聆听平和舒缓的音乐、冥想、观看轻松的影像、肌肉放松训练、深呼吸训练、瑜伽和按摩。这里介绍一种特殊放松法，许多孩子和家长都觉得很有用。这种方法由多项技能组成，你可以根据个人和家庭情况进行调整。你要知道，教孩子放松，最好是让全家人都参与训练并在日常实践。

教会孩子放松

在你开始教孩子练习放松前，还需讨论几个要点，会让你教得更顺利。

放松是一项技能

就像任何新技能一样，放松法也需要定期练习才能运用自如，你和孩子每天都需要练习。为敦促孩子定期练习，你们要做好训练记录，每次（每天）练习结束后，都要填写放松法训练记录表（参见儿童训练手册）。请把表格放在显眼处（如冰箱），提醒你和孩子完成练习。

教孩子练习放松法时，你需要从简单的技能开始，在孩子夯实基础后，可以教他更复杂的技能。每项技能至少需要持续练习一周，孩子才能做到自如地放松。即使之后转向教习附录里的其他环节，这些日常练习仍不可或缺。在孩子尝试使用焦虑调控技能前，放松法会起到良好的辅助作用。

选择正确时间

让放松法的教习变成一种享受，你能做的有很多，选择好练习的时间很关键。建议挑选没有其他重要事情干扰的时段，例如，不要占用孩子最爱的节目的播放时间。许多家庭都会把每日放松法练习放到起床前的 10～15 分钟，也有家庭安排在孩子睡觉前。睡前时段通常容易把控，但需确保孩子不会太累，否则会使其无法集中精力学习技能。用放松法助眠是个不错的选择，但需要在孩子注意力能集中的时段练习。

保证固定时段练习

做作业、做运动、看电视等生活起居类活动都很容易占用放松法练习的时间。固定练习时段能让全家受益，也能让每个人意识到：围绕我们的喧嚣熙攘轻而易举地就会霸占了我们的生活，让我们忘记去呵护情绪健康。

养成习惯

保证放松法练习到位的最佳方式是将其当作日常习惯去培养，成为类似刷牙的自发性习惯。尽量做到一日不落，在固定时段不可行时匀出一个替补时段练习。

创造轻松的氛围

孩子学习放松时，你需要营造轻松的氛围。练习场所需要安静，无人打扰，暂时关闭手机或将手机调成静音。如果你准备邀请别人，那么请确保与练习时段不冲突。

练习的场所需要温暖舒适，可选用床、舒服的椅子或地垫。不过，如果选择了床，就请确保你和孩子不会睡着。舒适和休闲的穿着也能为练习扫清道路，有些家庭还喜欢播放平和的轻音乐，孩子很喜欢。布置练习情景时选用契合的背景音乐，也能锦上添花。

善用嘉奖并使练习趣味化

和本书介绍的所有方法一样，需要给孩子大量奖励，鼓励他练习并使用这些技能。请记得，不仅要奖励成就，还要奖励孩子敢于尝试。将放松法练习趣味化的方法有很多，尽可能地让练习时光愉悦而有趣。在下文介绍的某些步骤中，你将使用想象法，即让孩子想象自己身处轻松安宁的情景中。可以选择孩子喜爱的情景，如魔法小岛、秘密花园、远航的船等，能让练习充满趣味和享受。

训练精简化

孩子常常会很快失去兴趣，无法长时间保持注意力。对幼儿来说，最好坚持少量多次的原则（如每次五分钟）。还需要使用简单的语言（详见下文的参考脚本），让孩子听懂引导。

示范教学

在下文的放松法步骤中，你将看到教习放松法的各个环节。视孩子的年龄情况而定，你或许需要充当技能教师的角色。一些年龄较大的儿童和青少年认为听从父母的指导并不容易，他们更喜欢通读全书，自己练习；年龄较小的儿童则更喜欢由父母示范每个步骤给他们看。父母要一边示范，一边清晰地给孩子讲解行为内容和原因。通过这种方式，孩子将逐渐学会在心中默念指导语，并自发地提示自己使用技能。

终极目标

终极目标是，孩子能在恐惧或准备直面逆境时使用放松法进行自我舒缓。不过，最好先在家里把技能练习练熟。如果放松法成为全家人的日常习惯，就能在家中营造平和的氛围，让每个人都受益。

放松法步骤

以下准备了一些参考脚本,帮助你向孩子解释各个环节的做法。当然,你无须照本宣科地读出来,可以调整语句,贴合你的说话风格,或是使用更有助于孩子理解的语言。

步骤1:学会松紧肌肉

最好的入门方式之一就是,学会区分紧张和放松的状态。步骤1的指导语详见下文,即楷体字部分。请大声地给孩子讲解,一边解说,一边示范(括号里的仿宋体文字是给你的额外提示,不需要说出来):

首先,抬起你的右臂,推到身体前方。我想让你体会肌肉收紧是什么感觉。试着想象你手里拿着一个网球,用力挤压它。现在,用手握住,用尽全力,攥得越紧越好。在你握紧球的时候,慢慢数到5,1……2……3……4……5,你能告诉我,在握紧时,你的手是什么感觉吗?你的肌肉是什么感觉呢?(鼓励孩子想出"紧绷""僵硬""强劲"等用来形容紧张状态的词。)

现在,请你再试一次,用手握住,用尽全力,攥得越紧越好。在你握紧球的时候,慢慢数到5,1……2……3……4……5,现在可以松开了。松开你的手掌和手指,别用力,让它们自然地垂下来,你的手又回到身体两侧。能形容一下你的手在放松时是什么感觉吗?(鼓励孩子想出"下垂""松弛""软塌塌"等用来形容放松状态的词。)

真棒!你现在已经知道肌肉收紧和放松的区别了。我们需要学习的就是放松身体的肌肉,让我们在全身紧绷时能够舒缓下来。我们平时经常会遇到身体紧张的情况,如害怕、不安、焦虑或生气时,放松法能帮助你在逆境中获得更好的感受。学习放松法就和学骑自行车或学溜冰等技能一样,你需要一点一点地练习,然后你就会发现它变得越来越简单。现在,你需要继续放松你的手臂。

(接下来,试着保持平缓的语气,缓慢地进行讲解。在说"放松""平静"和"深深"等词时,请让你的声音听起来非常放松。)

把双臂推向身体前方,停下并绷直手臂。现在,把双手压到椅子两侧或地板上,试着抬起你的身体，让你的双臂紧张起来。现在，深深地吸一口气，绷紧手臂，双手紧握，同时数到5，1……2……3……4……5，可以松开了。呼气，让双臂放松。不要把眼睛睁开，让手臂缓缓地垂到身体两侧，让自己松弛下来，像一只软塌塌的布娃娃。或者，想象自己是一只水母，一只松松垮垮的大水母。现在，把注意力放在放松双臂的肌肉上。试着感受双臂的肌肉状态，让它们变得柔和。先感受右臂，让它非常放松。再把注意力转移到左臂，让它变沉，自然下垂，放松。还有紧张感吗？如果有，就试着让双臂更加松弛。你的手臂现在已经开始放松了，非常放松，非常非常放松，越来越松，越来越下沉，越来越松缓。现在，双臂一起放松，放轻松。（安静地放松一分钟）放松，非常地松弛。（安静地再放松一分钟）

很棒！我准备让你慢慢睁开眼睛了。我会数到10，当我数到5时，我希望你能睁眼，数到10的时候，我希望你能缓缓地坐起来。1……2……3……4……5，现在可以轻轻地睁开眼睛了。6……7……8……9……10，现在，慢慢坐起来，伸个懒腰。刚才你有什么感觉？你放松了几成？

在本次练习中，松紧手臂的任务应该重复两到三次。可以使用这样的方法来观察孩子是否真的放松：把孩子的手臂抬高，你松手后，他的手臂应该缓缓地下垂。你和孩子在开始步骤2前，至少练习两次步骤1。

步骤2：放松身体其他部位

在孩子能够放松手臂后，就可以开始放松身体的其他部位。先从放松双臂开始，步骤和前面一样，然后在双臂松弛的状态下，开始放松其他肌肉群。别忘了，讲解时，请保持语调轻柔舒缓。

现在，我们要放松头部和面部的肌肉群。试着把面部皱成一团，像扮鬼脸一样。绷紧眼睛和嘴唇，乃至舌头。现在，深吸一口气，保持住这个姿势，我会数到5，1……2……3……4……5，可以放开了。把气呼出来，让面部放松下来。请闭好眼睛，现在，把注意力放在放松面部肌肉上。感受你的额头，让它舒展开。现在，把注意力放到你的眼睛上，让眼皮变沉，耷拉下来。放松你的口腔和嘴唇，试着感受你的嘴唇。你有任何紧张感吗？如果有，就全都松懈下来。你的舌头也可以放松，试着感受你的舌头，让它松缓下来。你现在可以放松整个面部和头部，放得很松。你能感受到头沉沉地支撑在脖子上。越来越松，越来越下沉，越来越松缓。整个面部都很松弛，放轻松。（放松一分钟）

现在，我们往下进行，包括背部、腹部和腿。这次我想让你想象自己是一个硬邦邦的机器人。收紧腹肌。很好！现在，把双腿举到空中，绷直，把脚趾扣起来。让全身都很紧张，就像一个金属材质的机器人。现在，深吸一口气，保持腿部和腹部紧绷，我会数到5，1……2……3……4……5，你可以放开了。用嘴巴呼气，把注意力放在放松腹部肌肉群上。你的腹部现在不应该出现任何紧张感，把所有肌肉都松弛下来。同样感受你的背部，让它舒展开。

现在，把注意力转移到你的腿部，让双腿变沉，自然下垂。先从腿的上部开始放松，慢慢地向下，依次放松每一处肌肉。放松你的膝盖、小腿、脚踝，然后再到脚掌和脚趾。想象一下，所有的紧绷感在身体里向下流动，越来越低，流到腿部，最后从脚趾流出。紧绷感在空气中烟消云散，你的身体只剩下松弛，松得像一只软塌塌的布娃娃。想象我把你提起来，摇晃你，你的双腿双脚都在自然甩动。你的脖子也变得无力了，脑袋向前耷拉着，双手双脚悬在身体两侧。深深地放松，越来越松，越来越下沉，越来越松缓。所有肌肉一起放松下来，放轻松。

（放松一分钟）放松……放轻松……轻轻松松。

很棒！我准备让你慢慢睁开眼睛了。我会数到10，当我数到5时，我希望你能睁眼，数到10时，我希望你能缓缓地坐起来。1……2……3……4……5，现在可以轻轻地睁开眼睛了。6……7……8……9……10，现在，慢慢坐起来，伸个懒腰。刚才你有什么感觉？你放松了几成？

练习很重要，松紧身体的每个肌肉群，直到孩子能熟练地放松所有身体部位。本步骤需要连续练习两到三天，直到孩子精准掌握为止。每次练习先从双臂开始，然后到头部和面部，再到双腿，最后是躯干（腹部、臀部、胸部和背部）。放松后，你可以马上问孩子，身体哪个部位最放松，哪个部位还有紧张感。找出孩子最难放松的部位，在之后的练习中，可以多花些时间练习放松这个部位。虽然你的目的是让孩子感到非常松弛，但放松法没必要做到完美无瑕。

┃ 儿童可选活动 1：放松法 ┃

向孩子解释什么是放松法，以及如何缓和因焦虑而产生的生理症状。指导孩子完成步骤 1，然后应用到接下来一周的日常生活中。可以使用上文提供的指导语，也可以考虑录下来，这样你就不必每次都念出来。尤其是对于有阅读能力的孩子来说，这其实是一项有趣的活动，他们可以录下自己说的指导语。应该让孩子记录每次放松后的感受，请使用儿童训练手册中的放松法训练记录表，也可以自己创建一个表格，记录下日期、练习地点、未放松部位和放松程度。

步骤 3：一次性放松全身

如果孩子已经能逐步放松每个身体部位，就可以开始一次性放松全身的环节了。有的孩子只练习步骤 2 两天就能开始步骤 3；有的孩子则可能要用两到三周练习步骤 2。不过，最好不要在每个步骤上耗时太久，因为孩子可能会厌倦，建议你和孩子共同决定步骤跳转的时间。以下是步骤 3 的指导语：

现在，让我们把全身都绷紧。先看我怎么做，我深吸一口气，皱起我的面部，耸肩，用手在椅子上撑起来，收紧腹肌，抬起双腿，握住拳头，扣起脚趾。我保持这个姿势，直到我数到 5 才能放松，1……2……3……4……5，呼气，放松。现在换你来试试。先紧张起来，深吸一口气，皱起面部，耸肩，用手在椅子上撑起来，收紧腹肌，抬起双腿，握住拳头，扣起脚趾。保持这样，想象自己是一个机器人。坚持住，直到我数到 5，1……2……3……4……5，现在可以呼气了。让自己松弛下来，瘫软的状态。试想你是一个软塌塌的布娃娃，没有骨头，身体里没有坚硬的支撑物。让全身完全放松下来，松松垮垮地靠着。现在，放缓你的呼吸，完全投入，放松身体，非常轻松。闭上双眼，试着专注我们的行为，不让其他思绪侵扰你的大脑。

大呼一口气，放松你的双臂。集中注意，松弛手臂肌肉。让手臂缓缓地垂到身体两侧，让自己松弛下来，像一个软塌塌的布娃娃，或是一只水母。试着感受手臂肌肉，把力量松开。先感受右手，抽掉那股力量。现在，感受你的另一只手臂，它变得很沉，也自然地垂下，放松。你有任何紧张感吗？如果有，那就再试着让双臂更加松弛。你的手臂现在已经放松了，非常放松，非常非常放松，越来越松，越来越沉，越来越松缓。现在，双手一起放松，放轻松。

现在，让我们换到头部和面部肌肉群。深呼一口气，放松面部，闭上你的双眼。现在，集中注意力，放松面部肌肉。感受你的额头，让它舒展开。现在，把注意力放到你的眼睛上，让眼皮变沉，耷拉下来。放松你的口腔和嘴唇，试着感受你的嘴唇。你有任何紧张感吗？如果有，就全都松懈下来。你的舌头也可以放松，所以试着感受你的舌头，让它松缓下来。你现在已经可以放松整个面部和头部了，放得很松，越来越松，越来越下沉，越来越松缓。整张脸都很松弛，非常轻松。

现在，注意你的腿部，让双腿变沉，自然下垂。先从腿的上部开始放松，慢慢向下，依次放松每一处肌肉。放松你的膝盖、小腿、脚踝，然后再到脚掌和脚趾。想象一下，所有紧绷感在身体里向下流动，越来越低，流到腿部，最后从脚趾流出。紧绷感在空气中烟消云散，你的身体只剩下松弛，松得像一个软塌塌的布娃娃。想象我把你提起来，摇晃你，你的双腿双脚都在自然甩动。你的脖子也变得无力了，脑袋向前耷拉着。你的双手双脚悬在身体两侧，非常放松，越来越松，越来越沉，越来越松缓。

现在，试想你的腹部肌肉，不应该有任何紧绷感，把所有肌肉都松弛下来。同样感受你的背部，让它舒展开。现在，我希望你的肌肉能放松多一些，再多一些。最后，放松胸部。你能感受到胸部吗？在你呼气的同时完全松弛胸部的肌肉群，彻彻底底地松弛下来。

回到头部，从上往下再放松一次，感受每一块肌肉的状态。检查是否有哪里还在紧绷用力，然后告诉自己："放松。"让所有紧绷感都慢慢松掉，现在，已经很松弛了。从头开始放松，自上而下，穿过手臂和胸部，穿过背部和腹部，来到腿部，每寸肌肉都很松弛。放松……放轻松……轻轻松松。

让所有肌肉群都松弛柔软。试想一下，紧绷感经由手指一阵阵地排出体外，渐渐散去，只剩下松弛的双手。紧绷感现在也流到了你的腿部，穿过膝盖和小腿，经由脚踝，最后从脚趾流出。现在，紧绷感完全离开了你的身体，你越来越松，越来越下沉，越来越松缓。试想自己就是一个软塌塌的布娃娃，完全松松垮垮，柔软无力地摊开。想象有谁把你提起来，你的双腿双脚都悬在身体两侧，你的身体里完全没有紧绷感。

真棒！我准备让你慢慢睁开眼睛了。我会数到 10，当我数到 5 时，我希望你能睁眼，数到 10 时，我希望你能缓缓地坐起来。1……2……3……4……5，现在，可以轻轻地睁开眼睛了。6……7……8……9……10，现在，慢慢坐起来。尽量别让肌肉再次紧张，试着维持轻松的状态，很好。刚才你有什么感觉？你放松了几成？

到此，你和孩子（还有家人）已经能做到又快又彻底的放松了。这个步骤通常需要每日练习，至少连续训练三天。请记住，学习放松就像学骑自行车，练得越多，越容易掌握。

步骤 4：利用呼吸和想象加深放松

孩子掌握全身放松后，是时候学习更高阶的放松法了。有多种方法可以加深放松的状态，其中一个就是使用呼吸的技巧，其目的在于通过轻松的方式，把注意力集中在呼吸上。请确保孩子不会呼吸得过快、过重或过浅，否则他会头昏眼花。呼吸要平和、舒缓和松弛。

头脑中想象愉快画面，是另一种加深放松的方法。想象力具有放松的魔力，孩子想象力丰富，能借助幻想的美感放松自己。在指导孩子想象时，有以下要点。

- 描述场景的方式要能帮助孩子组织起幻想的画面，需要精准地形容画面里能看到什么，包括形状、颜色、材质、声响、气味和触感等，这些细节能展开生动的画卷。
- 要挑选吸引孩子的想象情景，并包含令人放松的内容，画面不应过于热闹或令人兴奋。挑选想象情景的目的是尽可能让孩子深深地感受到轻松、沉静、安全和祥和。

以下是这个技能的一个范例，请先从全身放松以及呼吸技巧开始，在孩子感到放松后，再进入想象环节。

这个练习需要在步骤 3 全身肌肉放松的基础上完成。

（先绷紧全身，然后依次放松每一处肌肉群……）集中注意力，感受空气进入肺部，又被吐出来，一遍又一遍。试着用鼻子吸气，嘴巴呼气。全身心地投入，你可以感受到空气流经你的鼻腔，流进肺里，又回到你的口腔，最后呼出。空气凉爽又轻柔，感受空气在呼出时，流过了唇齿。现在，闭上双眼，想象你把蜡烛举到自己前方，离你只有几英尺[①]，但没有近到让你感受到温度的地步。想象自己呼气时，气流从口中流出，蜡烛的火焰摇曳。集中注意力，努力想象这是你的真实体验，蜡烛的火焰在晃动。很好，保持放松，每呼吸一次，我都希望你在呼气时变得更松弛。吸气……呼气……吸气……呼气……

（试着轻柔地、匀速地呼吸。）

每次呼气时，告诉自己："放松，放轻松。"想象烛火在你每次呼气时闪动，你也越来越松缓，越来越下沉，越来越松缓。匀速地呼吸，轻轻柔柔，不要太快或太重，非常镇静而平和。放松……放轻松……

不错，我准备让你慢慢睁开眼睛了。我会数到10，当我数到5时，我希望你能睁眼，数到10时，我希望你能缓缓地坐起来。1……2……3……4……5，轻轻睁开眼睛。6……7……8……9……10，现在，慢慢坐起来。尽量别让肌肉重新紧绷，尝试保持放松状态。你刚才是什么感觉呢？

现在，你要开始发挥想象，让自己更加放松。请闭上眼睛，听我说，尽量别让思绪游移到其他事上。想象自己正躺在沙滩上，天气晴好。你涂好了防晒霜，海滩上非常安宁。你刚游完泳，觉得很累，躺在毛巾上，朋友们也安安静静，没有人打扰你。你沐浴着阳光，全身轻松。你真的很放松，可以感受到沙子的温暖透过毛巾，你的身体暖洋洋的，一片祥和。你能看到天空，湛蓝澄澈，微云点点。大海清澈明净，幽幽蓝蓝，在阳光下波光粼粼。你看到一只鸟飞入天空，你看着鸟儿悬停在风中。现在，把注意力交给耳朵，你听到浪花温柔地拍打着沙滩。你还能听到什么？你还能看到什么？现在，感受你的手指，你伸出手，指尖穿过细沙，好温暖，沙粒流过指缝。想象自己舒适地躺在那里，肌肉越来越放松，没有任何干扰。你只感到宁静祥和，没有忧

---

① 1 英尺 = 0.3048 米。——译者注

愁，没有困扰，只有轻松平和的感觉，越来越松，越来越下沉，越来越松缓。

现在，我希望你在接下来的两分钟里一点一点松弛。让海滩的美好幻想留在你的脑海里，让整个身体深深地放松下来……越来越下沉……越来越松缓……放松……放轻松……轻轻松松……

真棒！现在，我准备让你慢慢睁开眼睛了。我会数到10，当我数到5时，我希望你能睁眼，数到10时，我希望你能缓缓地坐起来。1……2……3……4……5，轻轻睁开眼睛。6……7……8……9……10，现在，慢慢坐起来。尽量别让肌肉重新紧绷，尝试保持放松状态，很好。你刚才有什么感受？你能想象自己在海滩上吗？你能想象出沙子和阳光温暖的感觉吗？你放松了几成？

可以想象的画面还有很多，都能帮孩子放松下来。每次练习，都要先收紧全身，再按照从头到脚的顺序放松每块肌肉。在引导孩子想象画面之前，先提示他把注意放在轻盈的呼吸上。我们还为你和孩子提供了更多可供想象的画面：

- 躺在朋友家的泳池旁；
- 躺在野餐垫上，旁边是你的好朋友；
- 坐在祖母家的走廊里；
- 欣赏夕阳；
- 漂浮在宇宙之中；
- 看着雨水轻敲窗棂；
- 观赏雪花纷纷飘落；
- 躺在篝火前；
- 在乡野露营；
- 走过一地秋叶；
- 观赏星空；
- 穿过一座秘密花园；
- 躺在温暖的被窝里，怀里抱着熟睡的小狗。

儿童可选活动2：全身放松

把指导语念给孩子听，让他决定放松练习时要想象哪个画面。先按照上文的指导，在前几天做全身放松练习。当孩子能够游刃有余地完成时，再引入呼吸和想象的环节。最好把指导语录下来，这样孩子在你不在的情况下也能练习。孩子可以将练习结果记录在可选活动1的表格中，根据这份记录，你就能了解孩子哪个部位较难放松，之后你们就能专攻这个部位肌肉群的收和放。最终，不费吹灰之力，孩子就能做到全身放松。

步骤5：现实生活中的快速放松法

只要孩子能够快速有效地放松，就可以开始在现实生活中练习。在开始这个步骤前，你们可能要先花至少两周的时间练习放松法。一开始，在充满压力、令人恐惧的情景中，孩子很难进入松弛状态。因此，最好先在孩子不害怕的情况下进行练习，然后再逐渐过渡到引发孩子焦虑的情景中，教授孩子这些技能。

在现实生活中会用到的技能（包括快速绷紧身体，然后又突然放松）不易被别人察觉，无论是在车里、家里、商场里、学校教室里，还是在其他容易引发焦虑的场所，都可以使用。快速放松法教学需要先从家里开始，然后再将其应用到其他场所。快速放松法不借助想象，其目的是快速松缓肌肉和呼吸，以调控焦虑带来的生理症状。

可以这样引导孩子：

现在，我们需要学会在别人在场的情况下快速放松。深呼吸，绷紧全身……保持这个紧张状态，我会数到5，1……2……3……4……5，现在，慢慢呼气，全身肌肉群一起舒展。你做得很好！

现在，试着保持放松的状态。快速检查自己还有哪个部位紧张，同时在呼气时放松这些肌肉。试着放松，没人知道你在做什么，别人不会知道你正在使用放松法，但你知道自己正在控制肌肉的收放。心中默想，一切尽在掌控中，我可以放松，完全地放松。我可以控制我的呼吸，吸气……呼气……吸气……呼气……我可以控制我的肌肉，绷紧，然后放松，彻彻底底地放松。没人知道我在做什么，我会放松下来，非常

松弛。

现在，是时候让孩子到家外的场景中练习快速放松法了。你们讨论一下练习时间，对于场景，一开始可以选择一起外出时就座的车厢，或者一起喝饮料的冷饮店或咖啡厅。请提示孩子使用快速放松法，奖励他付出的努力。你需要观察孩子对放松法的掌握情况，只要他在家外也能放松，就可以鼓励他在害怕的情景中应用这项技能。孩子在执行阶梯法方案时，放松法也是很好的辅助。

| 儿童可选活动 3：快速放松法 |

给孩子讲解快速放松法，使用上文的指导语，先在家里尝试几次，再到其他日常情景中练习，包括餐厅、开车接孩子回家途中、商场等。你通过观察确认孩子掌握了快速放松法后，就可以鼓励他将这项技能应用到令其紧张或焦虑的情景中。放松法训练记录表进行记录的习惯，记录快速放松法练习的次数以及达成的效果。之后，回顾记录，找出孩子在哪些情景中难以放松，然后就可以对此展开额外练习。

译者后记
Helping Your Anxious Child

跟随心理学家们的引路牌，我们和孩子一起翻越了"焦虑"这座巍巍大山。终章之后，并不代表未来一马平川，但此时的你们已秣马厉兵，武装在身的"焦虑调控技能包"足以用来继续奔赴，披荆斩棘。

《自信快乐的小孩》一书深入浅出地描摹了儿童与青少年焦虑问题的构造，也为养育者绘制了一幅解决症结的实践流程图。来自澳大利亚麦考瑞大学的罗纳德·M.劳佩等学者疏解了许多家庭长期以来的困惑：儿童为何会焦虑？焦虑情绪等于焦虑问题吗？拆解焦虑问题要用什么思路？如何给孩子传授焦虑调控策略？焦虑问题能被完全根除吗？作者们很好地充当了理论到实践的桥梁，帮助养育者轻松上手。

好的作者会时刻把读者放在心中，而好的研究者也会关注研究参与者的声音，本书的主创团队二者兼备。晦涩的理论被他们"翻译"成了平易近人的话语，书里一个个真实而鲜活的案例能让你意识到，原来还有那么多受焦虑问题困扰的家庭一起共渡难关。你和孩子也将逐渐明白，焦虑其实是"高估了坏事发生的概率和灾难性的后果"。

实操性是本书的一大特色。首先，书中具体的实践方案完全基于临床心理学的"认知行为疗法"（cognitive behavioural therapy），此类疗法从20世纪60年代发展至今，已成为焦虑症、抑郁症等问题的主流治疗方案之一。认知行为疗法认为，儿童面对的情景、产生的想法、情绪和行为彼此串联，而逐步转变儿童面对焦虑事物时的思考方式是解决症结的突破口。这也是作者们多年耕耘的儿童焦虑问题治疗项目"让孩子冷静下来"的关注重点。基于成熟的项目实践经验，本书总结了侦探思维法、阶梯法、社交技能训练和放松法等具有针对性的指导方案，一步一步地带领养育者和孩子展开学习和练习。其次，本书在设计编排上十分用心。每章结尾都配有家长活动、儿童活动或亲子活动的详细说明，附带规划和训练期间使用的参考表格。作者还额外提供了儿童训练手册（你可以借助本书封面上提供的方式来获取），真正做到了用孩子的语言解决孩子的问题。

在本书翻译的过程中，我尽力保证了理论内容的准确性，同时也在有意识地避免过于西化的表达方式，但在很多地方仍然难以做到句子既符合汉语表达习惯、忠实原文，又适于儿童理解。希望读者能对我的不足之处予以谅解。除了语言之外，文化差异也可能会造成中国读者的些许不解。例如，书中塔利亚的案例提到她被鼓励去风浪较大的海里游泳，这是她在阶梯法中对抗个人焦虑问题的一项任务。中西方养育者对于孩子的"安全"这一文化概念的建构有所区别，在中国文化的大背景下，这种行为远超了安全的警戒线。译作里保留了原作的案例，但这类困境也会鼓励越来越多的像我一样的中国研究者思考，如何更好地为养育者们提供具有文化适宜性的教养策略支持。这次翻译让我更深入地了解了研究和科普推广的趣味和挑战，也对我目前研究的家庭教养行为和儿童问题行为有关的课题提供了养料。

作者劳佩教授专门为简体中文版作了序言，我们表示诚挚的感谢。能有幸成为这本书的译者，我也感激奶舅吴斌的引荐和郑悠然编辑的支持，同时也对高进编辑的工作深表谢忱。

梁人文
比利时鲁汶
2021 年 11 月 18 日

HELPING YOUR ANXIOUS CHILD:A STEP-BY-STEP GUIDE FOR PARENTS(SECOND EDITION) by RONALD M. RAPEE,PH.D., ANN WIGNALL,M.PSYCH，SUSAN H.SPENCE,PH.D.,VANESSA COBHAM,PH.D. AND HEIDI LYNEHAM.

Copyright:© 2000 BY RONALD M.RAPEE NEW HARBINGER PUBLICATIONS,INC.,2008 BY RON RAPEE,ANN WIGNALL,SUSAN SPENCE,VANESSA COBHAM,AND HEIDI LYNEHAM

This edition arranged with NEW HARBINGER PUBLICATIONS through BIG APPLE AGENCY,LABUAN,MALAYSIA.

Simplified Chinese edition copyright:

2022 China Renmin University Press Co,Ltd.

All rights reserved.

本书中文简体字版由 New Harbinger Publications 通过大苹果公司授权中国人民大学出版社在全球范围内独家出版发行。未经出版者书面许可，不得以任何方式抄袭、复制或节录本书中的任何部分。

版权所有，侵权必究。

北京阅想时代文化发展有限责任公司为中国人民大学出版社有限公司下属的商业新知事业部，致力于经管类优秀出版物（外版书为主）的策划及出版，主要涉及经济管理、金融、投资理财、心理学、成功励志、生活等出版领域，下设"阅想·商业""阅想·财富""阅想·新知""阅想·心理""阅想·生活"以及"阅想·人文"等多条产品线，致力于为国内商业人士提供涵盖先进、前沿的管理理念和思想的专业类图书和趋势类图书，同时也为满足商业人士的内心诉求，打造一系列提倡心理和生活健康的心理学图书和生活管理类图书。

《让孩子成为独一无二的自己》

- 好的教育就是尊重儿童的先天气质，顺性而为，从而成就孩子独一无二的潜能。
- 随书附赠罗静博士主讲的《原生家庭》在线课程（价值199元）。
- 张侃作序，高文斌、梅建、彭琳琳、王人平、王书荃、邬明朗、杨澜、张思莱、周洲联袂推荐。

《聪明养育：给孩子更好的父母》

- 比"成为"父母更重要的是"胜任"父母。
- 随书附赠价值129元的同名线上课程。
- 张思莱、张怡筠作序，樊登、凯叔、倪萍、刘璇推荐。

《孩子的一生早注定：跟奶舅学幼儿习惯养成》

- 杨焕明院士、刘焕彬院士作序推荐。
- 中科院幼儿成长指导项目专家、微博十大科普大V奶舅吴斌倾心之作。
- 张侃、张思莱、蒋佩茹、邢立达、@六层楼先生、@牙医Lina联袂推荐。
- 近10年行为决策研究，4年追踪研究近200个幼儿及家庭，严选近30个真实案例，详尽剖析养育大环境中的6个常见误区、不可忽视的8个养育现象、养育者的5个错误养育习惯，结合幼儿发展的3个层次，教幼儿养育者培养幼儿好习惯，提高幼儿3大能力。

《孩子是选手，父母是教练：如何有效培养孩子的自主学习习惯》

- 为父母提供"双减"政策下更适合孩子的学习指导方法。
- 北京师范大学科学传播与教育研究中心副主任李亦菲、延边大学师范分院附属小学校长金海连作序推荐。
- 随书附赠《自主学习指导师指导手册》。

《美好生活方法论：改善亲密、家庭和人际关系的21堂萨提亚课》

- 萨提亚家庭治疗资深讲师、隐喻故事治疗资深讲师邱丽娃诚意之作。
- 用简单易学的萨提亚模式教你经营好生活中的各种关系，走向开挂人生。

《灯火之下：写给青少年抑郁症患者及家长的自救书》

- 以认知行为疗法、积极心理学等理论为基础，帮助青少年矫正对抑郁症的认知、学会正确调节自身情绪、能够正向面对消极事件或抑郁情绪。
- 12个自查小测试，尽早发现孩子的抑郁倾向。
- 25个自助小练习，帮助孩子迅速找到战胜抑郁症的有效方法。

《折翼的精灵：青少年自伤心理干预与预防》

- 一部被自伤青少年的家长和专业人士誉为"指路明灯"的指导书，正视和倾听孩子无声的呐喊，帮助他们彻底摆脱自伤的阴霾。
- 华中师大江光荣教授、清华大学刘丹教授、北京大学徐凯文教授、华中师大任志洪教授、中国社会工作联合会心理健康工作委员会常务理事张久祥、陕西省儿童心理学会会长周苏鹏倾情推荐。

《穿越迷茫：战胜成长焦虑》

- 写给将要踏入社会和初入社会的迷茫的年轻人的焦虑管理书。
- 解锁步入成年期的正确打开方式，与自己的焦虑和解！堪称"谁的青春不迷茫"的答案之书！
- 江苏省心理学会理事长，南京师范大学心理学院教授邓铸、上海社科院社会学研究所二级研究员杨雄联袂推荐；北京师范大学心理学院教授、博士生导师陈会昌作序推荐。